SEARCH FOR THE EDGE OF
THE SOLAR SYSTEM

那颗星星不在星图上
寻找太阳系的疆界

卢昌海◎著

清华大学出版社
北京

图书在版编目（CIP）数据

那颗星星不在星图上：寻找太阳系的疆界/卢昌海著. --北京：清华大学出版社，2013
（2019.6 重印）

（理解科学丛书）

ISBN 978-7-302-33821-5

Ⅰ．①那…　Ⅱ．①卢…　Ⅲ．①太阳系－普及读物　Ⅳ．①P18-49

中国版本图书馆 CIP 数据核字（2013）第 212282 号

责任编辑：邹开颜
封面设计：蔡小波
插　　图：李　璟
责任校对：刘玉霞
责任印制：沈　露

出版发行：清华大学出版社
　　　　网　　　址：http://www.tup.com.cn，http://www.wqbook.com
　　　　地　　　址：北京清华大学学研大厦 A 座　邮　　编：100084
　　　　社 总 机：010-62770175　　　　　　邮　　购：010-62786544
　　　　投稿与读者服务：010-62776969，c-service@tup.tsinghua.edu.cn
　　　　质量反馈：010-62772015，zhiliang@tup.tsinghua.edu.cn
印 装 者：山东润声印务有限公司
经　　销：全国新华书店
开　　本：165mm×240mm　　印　张：12.5　　字　　数：172 千字
版　　次：2013 年 12 月第 1 版　　　　　　印　　次：2019 年 6 月第 8 次印刷
定　　价：29.00 元

产品编号：051549-03

　　我与本书的作者是熟悉的。当年,我为复旦物理系高年级少数优秀学生开了一个讨论班,学习量子理论初期发展的历史,希望能够更好地理解其中的一些难点问题。就是在这个讨论班上,当时还是大学一年级新生的卢昌海,主动请求作个报告,要介绍海森堡的矩阵力学。可以想象,我当然是带着极其怀疑的眼光答应了他的请求,主要还是不想伤害一个年轻人的热情和自尊。但结果着实让我和他的学长们大吃一惊,他真的已经完全掌握这部分内容了! 一年之后,他又提出要免修物理系最重头的全部"四大力学"课程,即理论力学、热力学与统计物理、量子力学和电动力学。为此,系里专门为他组成阵容超豪华的名教授团队,一门门笔试加口试地进行。全部结束之后,每一位参加测试的教授都真的被这个年轻人的才华折服了。据我所知,一位低年级学生能免修全部的"四大力学"课程，在复旦物理系的历史上还从未有过，而且成绩还是无可争辩的全优。或许这一"光辉纪录"还会保持相当长的时间吧。

就是这样一位当年的才子，今天已成为一位优秀的科普作家。除了这本新版的《那颗星星不在星图上——寻找太阳系的疆界》，清华大学出版社还出版了他的另外两部科普著作《太阳的故事》和《黎曼猜想漫谈》，都很精彩。其中，后一本书还得到了大数学家王元的褒奖和推荐。另外，昌海目前还在努力地写作，相信会有更多的佳作问世。

回想当年，一套《十万个为什么》几乎成为我们这代人青少年时期科普作品的代名词。所幸的是，这种时代一去不复返了。今天的情景已完全不同了，书店里的科普作品可谓琳琅满目。多是多矣，然而拿起来翻阅几页后，还能不让人失望的却不多见。归纳起来可以说，一些作者对什么是真正好的科普作品还缺乏认识。第一，科普作品绝非"浅"知识的堆积，更不是一堆知识，知识一堆。第二，科普作品需要将深奥的道理和知识用浅显的语言讲出来，道明白，但它不应该被庸俗化，更不允许被误导。第三，如果科普作品的文字（包括翻译的文字），读起来比作品内容本身还难懂的话，怎能不让人沮丧而无语呢？

事实上，若非才、学、识皆备，很难写出好的科普作品。昌海的这本书就是这样一本难得的佳作，这是一次从地球出发的太空"深度游"。作者的"才"就在于他能将那些重要"景点"的来龙去脉交代得清清楚楚，如数家珍，让人有身临其境之感。在不知不觉、轻松愉快的气氛中，对太阳系的结构形成了一幅生动的物理图像。有别于一般专业作品，一部好的科普作品，要求作者有好的文字。昌海的文字表达不仅简洁、干净，而且还能在一些节骨眼上展现幽默和诙谐，读起来赏心悦目。作者的"学"体现在对那些常被人讹传或误解、夸张的历史事件进行分析和澄清，证据确凿，令人信服。在逐字逐句地通读完这本书之后，最令我佩服的是作者的"识"，也就是他对物理或说对科学的品味。对于时间跨度如此之长，空间上如此遥远而又神秘莫测的有关太阳系边界的探索之路，在这样一本小书中得到如此惊心动魄而又深入浅出的刻画，如果没有好的品味，完全没有可能做到。

　　俗话说，好东西应该与好朋友分享。昌海的这本书，在我身边的朋友中已有相当大的"知名度"了，但那只不过是几个人而已。正是考虑到这一因素，当清华大学出版社邀请我为新版的书作序时，我欣然答应，而且可以很肯定地说，每个拿起这本书翻阅的人一定不会失望。

金晓峰

2013 年 5 月

在我为自己的第三本书《黎曼猜想漫谈》撰写后记时，曾对前两本书没有前言或后记的原因作过这样的解释：

> 并不是不想写，而是因为那两本书的写作及出版过程都很平淡（或曰顺利），没什么值得叙述的。若生添一篇前言或后记，不免有灌水之嫌。

现在，我却要为那两本书中的第一本——《寻找太阳系的疆界》的修订版"生添"一篇自序了，其"灌水之嫌"且容我辩白几句（希望不会越辩越黑）。

之所以要写这篇自序，主要有两个原因。首先是因为距离本书初版的问世已经过了三年多，在如今这个快节奏的时代里，算是一段不太短的时间了。而且对于本书来说，这三年多的时间颇具代表性，甚至可以说是走过了一个生死轮回，从而多少有了一点谈"历史"的资历——就像久历了岁月的人多少可以谈点往事一样。

其次是因为修订版——或许是出于促销方面的考虑——对书名作了变更。我虽由衷地希望出版社不要因出版我的作品而亏损，心底里却更害怕读者因书名变更而将修订版当成新书误买以致血压升高，因此想在尽可能靠前的文字——即这篇自序——中提个醒。不过，这一提醒是否真有效力却殊难预料，因为读者买书前未必都会看自序，网购的读者则是想看也未必看得到。倘若哪位读者不幸仍中了书名变更之"招"，致使足可购买若干个汉堡包的私款流失，可到我的网站(http：//www.changhai.org/)来留言解恨。

好了，现在言归正传，谈点与本书有关的往事吧。本书的撰写始于2007年3月，一开始只是作为系列文章在我的网站上连载。连载了几篇之后，恰逢杭州《中学生天地》杂志的一位编辑来信约稿，我便提及了该系列，编辑看后表示有兴趣。于是自2007年9月起，本书的内容开始在《中学生天地》杂志上连载。不过，由于杂志方面对字数有一定的限制，因此刊出的往往是删节版，尤其是到了后期，杂志方面希望在一年之内完成连载，比我自己对内容的规划少了好几个月，因此最后几期刊出的内容存在大幅度的删节。但另一方面，杂志的连载虽有诸多欠缺，却正是由于要向杂志供稿，使那个系列成为我撰写的篇幅相近的所有系列中最先完成的。从这点上讲，杂志的连载功不可没。《寻找太阳系的疆界》的单行本于2009年11月出版，成为我的第一本书，也在一定程度上得益于此。

不过，《寻找太阳系的疆界》的写作及出版过程虽然顺利，出版后的命运却不无曲折。初版的问世才不过三年，就陷入了极大的窘境，其结果用我网站上一位网友的话说，是成为了"绝版名著"。当然，那是戏言——确切地说，后两个字（"名著"）是戏言（虽然我很希望不是戏言），前两个字（"绝版"）却是事实（虽然我很希望不是事实），因为本书的初版确实已无处购买了（除非是购买旧书）。只不过那并非因为卖得太好以致脱销，而恰恰相反，乃是因为卖得太不好，以至于未及卖完，就被清了库存。对图书来说，可以说是"死"了一回。

唯一值得庆幸的，是本书的零售虽十分失败，却"东边不亮西边亮"地中标了若干个省份的中小学图书的馆配,从而成为了一些中小学生的"钦定"课外读物之一。也许是这个缘故,出版社决定为本书再冒一次险,出一个修订版。本书因此而有了如今这个"死而复生"的机会。

那么,这个所谓修订版究竟在何处作了修订呢?从正文上讲,只是更正了几处笔误,并扩充了几个注释,可以说是微乎其微的(这是托"历史题材"之福,因为科学史不像科学前沿那样日新月异)。不过,图书的修订并不限于正文,本书的真正修订是以下三类内容:

(1)插图——修订版添加了许多新插图,而且是手工绘制的,不同于初版中那些来自互联网的现成图片。

(2)索引——包括人名和术语两部分,索引在国外科普图书中几乎已是必不可少的组成部分,在国内科普图书中却还不太普遍,在我自己的作品中则是首次添加。

(3)文字——包括序言(由复旦大学物理系的金晓峰老师所撰)、附录(由我2009年10月以删节版形式发表在《科学画报》上的《冥王星沉浮记》一文的完整版整理而成)及自序(即本文)。

以上就是对本书及修订版的简单介绍。说实话,对于出版社此次的"冒险行动"我是暗暗捏一把汗的。作为作者,我对自己作品的水准是有信心的,但作为有几十年读书、买书经验的资深书迷,我却深知那绝不等于能卖得好。玩过博客的朋友们大都知道,非著名作者在非热门话题上哪怕写上十篇"沥血之作",也赶不上知名人士贴一张宠物相片更有点击数。这是大众行为的鲜明特点,非独博文如此。不过,在捏汗的同时,我还是要感谢清华大学出版社的"冒险",并且特别感谢为本书及修订版的出版付出巨大心力的邹开颜编辑(她也是我其他几本书的编辑)。另外,我也要感谢为本书修订版撰写序言的金晓峰老师,在平面媒体或博客上为本书初版撰写过书评的秦克诚、陈学雷等先生,为本书绘制插图的李璟小姐,以及本书过去、现在和将来的所有读者。

目　录
FEARFUL
SYMMETRY

引　言

　　记得念小学的时候，读过一篇课文，叫做"数星星的孩子"，讲述汉朝天文学家张衡的童年故事。时隔这么多年，小学的很多课文我已经忘记了，但那篇数星星的课文却依然历历在目。那时候，我住在杭州的郊外，家门口有一个池塘，在许多个晴朗的夏夜里，我和小伙伴们也常常坐在池塘边仰望星空。那时候，郊外的天空还没有被都市的灯光所污染，在广袤的天幕下，那一颗颗璀璨夺目的星星显得格外的晶莹和美丽。自远古以来，这种无与伦比的美丽就吸引了一代又一代的追随者，他们中的一些人甚至将自己的一生都献给了探索星空奥秘的科学事业。人类寻找太阳系疆界的故事只是科学史上的几朵小小浪花，但在那些故事中，有浪漫，也有艰辛，有情理之中，也有意料之外，有功成名就的兴奋，也有错失良机的遗憾，它们就像天上的星星一样美丽动人。

1 远古苍穹

很多故事都会用"很久很久以前"作为开始,仿佛久远的年代是成就一个好故事的要素。现在让我们也从"很久很久以前"开始,来讲述人类寻找太阳系疆界的故事吧。

在很久很久以前,一群古希腊的牧羊人孤单单地生活在辽阔的原野上。他们白天与羊群为伍,在原野上漫游,夜晚则与星空为伴,期待黎明的到来。渐渐地,他们注意到在黎明之前,在晨光渐露、太阳即将跃出地平线的时候,天边有时会出现一颗星星。与多数星星不同的是,那颗星星的位置会一天天地变化,有时甚至会连续一段时间不出现。他们把这颗出现在黎明时分的星星叫做"晨星"(morning star)。细心的牧羊人还注意到,在黄昏时分,在日沉大地、暮色四合的时候,天边有时也会出现一颗星星,它的位置也会一天天地变化,有时也会连续一段时间不出现。他们把那颗出现在黄昏时分的星星叫做"晚星"(evening star)。后来人们用希腊及罗马神话中的太阳神阿波罗(Apollo)表示晨星,用希腊或罗马神话中的信使赫耳墨斯(Hermes)或墨丘利(Mercury)表示晚星。很多年之后,人们意识到晨星和晚星实际上是出现在不同时刻的同一颗星星,据说毕达哥拉斯(Pythagoras)是最早意识到这一点的人①。在群星之中，这颗星星的位置变化最为显著，往来如梭，仿佛天空中的信使，信使墨丘利便成了它的名字。

像这样的小故事在人类文明的几乎每一个早期发源地都曾有过。那时的人们就已经知道，在浩瀚的夜空中，多数星星的位置看上去是固定的，像晨星（晚星）这样会移动的星星是十分少见的。这样的星星被称为行星，它的英文名 planet 来自希腊文 πλανήτης (planētēs)，其含义是漫游者。远古人类所发现的行星共有五颗。这个数目在长达几千年的时间里从未改变过，甚至一度被认为是永恒不变的真理。在东方的中国及深受中华文化影响的其他东方国家如日本、韩国及越南，人们将五颗行星与阴阳五行联系在一起，并以此将它们分别命名为水星（即上面提到的墨丘利（Mercury）），金星（在西方世界中被称为维纳斯（Venus），她是罗马神话中掌管爱情与美丽的女神），火星（在西方世界中被称为玛尔斯（Mars），他是罗马神话中的战神），木星（在西方世界中被称为朱庇特（Jupiter），他是罗马神话中的众神之王）和土星（在西方世界中被称为萨坦（Saturn），他是朱庇特的父亲，是罗马神话中掌管农业与收获的神）。很明显，这种命名方式除了起到命名作用外，还代表了古代东方文化对行星数目"五"的一种神秘主义的解读。类似的解读方式不仅存在于东方，也存在于西方；不仅存在于古代，也存在于近代。哥白尼（Nicolaus Copernicus）的日心说提出之后，地球本身也被贬为了行星，行星的数目由"五"变成了"六"。对此，著名的德国天文学家开普勒（Johannes Kepler）提出了一个几何模型（图1），试图将天空中存在六颗行星与三维空间中存在五种正多面体这

---

① 除墨丘利（即水星）外，另一颗内行星——金星——也只有在清晨和黄昏才容易被肉眼所看见（请读者想一想，为什么水星和金星只有在清晨和黄昏才容易被肉眼所看见？），因而也曾被远古的观测者误分成晨星和晚星。后来也是古希腊人首先意识到它们其实是出现在不同时刻的同一颗行星。

一几何规律联系在一起①。

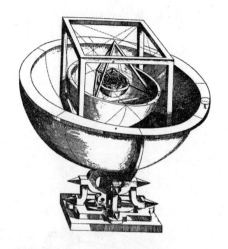

图 1　开普勒的行星模型

　　诸如此类的对行星数目的神秘主义解读虽然并没有什么生命力，但除了因日心说导致的地球地位变更外，行星数目的长期不变却是不争的事实。一百年、两百年……一千年、两千年……，这个数目是如此的根深蒂固，天文学家们大都将之视为不言而喻的事实了。他们也许做梦也没想到，这个数目有一天竟然也会改变。这一天是1781 年3 月13 日，改变这个数目的是生活在一座英国小镇的一位业余天文学家，他的名字叫做赫歇耳（William Herschel）。他发现了太阳系的第七颗行星，从而成为几千年来发现新行星的第一人。赫歇耳的发现出乎了包括他自己在内的所有人的意料，这一发现不仅为他本人赢得了永久的荣誉，也将观测天文学带入了一个崭新的时代，一个由赫歇耳"无心插柳"而开启的天文学家们"有心栽花"的时代，人类从此开始了寻找太阳系疆界的漫漫征途。

---

　　①　具体地讲，开普勒提出的几何模型是这样的：将六颗行星与三维空间中仅有的五种正多面体按以下顺序自内向外排列：水星、正八面体、金星、正二十面体、地球、正十二面体、火星、正四面体、木星、正六面体、土星。排列的方式是：每个行星轨道所在的球面都与其外侧的正多面体相内切（最外侧的土星轨道除外），同时与其内侧的正多面体相外接（最内侧的水星轨道除外）。开普勒的这一模型虽然精巧，但与精密的观测以及他自己后来发现的行星运动定律不相符合，不久之后就被放弃了。喜欢几何的读者不妨计算一下这一模型所给出的相邻行星的轨道半径之比，并与观测数值作一个比较。

2　乐师星匠

赫歇耳的一生非常出色地实践了两种截然不同的职业，其中最出色的职业——天文学家——不仅出现在对常人来说很难有开创性成就的后半生里，而且从某种意义上讲，就像他对新行星的发现一样，是一个无心插柳的故事。

赫歇耳于 1738 年 11 月 15 日出生在当时属于英王领地的德国中北部城市汉诺威（Hanover）的一个音乐之家①。赫歇耳具有很高的音乐天赋，他 14 岁就参加乐队，不仅擅长多种乐器，而且还能独立作曲，他亲自创作的交响曲和协奏曲就有几十

英国天文学家

赫歇耳（1738—1822）

① 赫歇耳出生时的名字是 Friedrich Wilhelm Herschel，后来所用的名字 Frederick William Herschel 是他移居英国后入乡随俗而改的。确切地讲，为了与后文用卡洛琳（Caroline）称呼他妹妹 Caroline Herschel，以及用亚历山大（Alexander）称呼他弟弟 Alexander Herschel 相平行，我们应该称他为威廉（William）。不过由于他是科学史上的著名人物，对这样的人物，人们习惯于用姓而不是名来称呼，就像我们一般不用艾萨克（Isaac）和阿尔伯特（Albert）来称呼牛顿（Isaac Newton）和爱因斯坦（Albert Einstein）一样。

首之多。1757 年秋天，19 岁的赫歇耳移居到了英国①，以演奏及讲授音乐为生。

赫歇耳的音乐成就以常人的标准来衡量应该说是颇为可观的，但放在他的简历中，却无可避免地要被他巨大的天文成就所淹没。不过他在英国的音乐生涯中有一件事情值得一提。那是在 18 世纪 60 年代中期，当时英国的教会刚刚开始引进风琴，需要招募一批风琴演奏者，年轻的赫歇耳也参加了一个风琴演奏职位的竞逐。当时的竞争颇为激烈，而赫歇耳在风琴演奏上并无经验。但他敏锐地发现当时英国教会引进的风琴与欧洲大陆的风琴相比有一个缺陷，那就是缺少控制低音部的踏板。为了弥补这一缺陷，聪明的赫歇耳对两个低音琴键进行了改动，从而演奏出了通常需要低音踏板的配合才能演奏出的低音部。他的表演不仅赢得了评审的一致赞赏，而且让他们深感神秘（当然，他顺理成章地成为了优胜者）。赫歇耳在这一竞争中显示出过人的动手及设计能力，将为他日后的天文生涯立下汗马功劳。

图 2　赫歇耳位于巴斯的住所
（已辟为博物馆）

1766 年，赫歇耳迁居到了英国西南部的一座名叫巴斯（Bath）的小镇，在一所教堂担任风琴演奏师，开始了他在那里长达 16 年的生活（图 2）。这座当时人口仅有两千的观光小镇因而有幸见证了赫歇耳一生最辉煌的工作。在巴斯期间，赫歇耳的音乐生涯达到了巅峰，他不仅是风琴演奏师，而且还担任了当地音乐会的总监，并开班讲授音乐课程。1772 年，收入已颇为殷实的赫歇耳给他母亲寄去了足够雇一位佣人的钱，从而把他妹妹卡

---

①　在此之前，赫歇耳曾在英国逗留过大约 9 个月，较好地掌握了英语。

洛琳(Caroline Herschel)从母亲为她安排的枯燥繁重的家务劳动中解救了出来，并接到巴斯。

与赫歇耳一样，卡洛琳也是一位颇有音乐天赋的人，但她一生注定要跟随哥哥去走一条未曾规划过的道路。在接卡洛琳到巴斯之前，已成为镇上知名音乐家的赫歇耳潜心学起了数学。赫歇耳学数学的本意是想多了解一些和声的数学机理，从而加强自己的音乐素养。但结果却因学数学而接触了光学，又因接触光学而对天文学产生了浓厚的兴趣，最终走上了一条业余天文学家之路。而卡洛琳则成为了他在天文观测上不可或缺的助手[①]。

赫歇耳所走的这条业余天文学家之路，不仅为他自己走出了一片绚烂的天地，也成就了业余天文学的一段——也许是最后一段——黄金岁月。18 世纪的许多职业天文学家过分沉醉于由牛顿(Isaac Newton)所奠定，并经欧拉(Leonhard Euler)、拉格朗日(Joseph Louis Lagrange)、拉普拉斯(Pierre Simon Laplace)等人所改进的辉煌的力学体系之中。他们热衷于计算各种已知天体的轨道，以此检验牛顿力学，同时也为经纬及时间的确定提供精密参照。在一定程度上，当时的许多职业天文学家变得精于验证性的计算，却疏于探索性的观测。在这种情况下，自赫歇耳之后半个多世纪的时间里，业余天文学家们对天文学的发展起了重要的补充作用，这一时期天文学上的许多重大的观测发现就出自他们之手。

常言道："工欲善其事，必先利其器。"对天文观测来说，必备的工具是望远镜。由于当时高质量的望远镜极其昂贵，赫歇耳决定自己动手制作望远镜(也顺便可以实践因学数学而接触的光学知识)。望远镜的问世是在 17 世纪初，其确切的发明者现已无从追溯，但德国裔荷兰人利普歇(Hans Lippershey)于 1608 年最早为自己制作的望远镜提交了专利申请，从而留下了文字记录，因此人们一般将他视为望远镜的发明者。1609 年，科学巨匠伽利略(Galileo

---

① 卡洛琳自己后来也成为了一位天文学家，她在寻找彗星方面有不俗的成就，总共发现了八颗彗星。

Galilei)在得知了有关望远镜的消息后，很快制作出了自己的望远镜。伽利略制作的望远镜在结构及放大率上都大大优于包括利普歇在内的同时代人制作的望远镜。并且他也是最早将望远镜用于天文观测的人[①]。通过望远镜，伽利略获得了一系列前所未有的天文发现，其中包括发现月球上的环形山、太阳黑子及木星的四颗卫星(现在被称为伽利略卫星)等。不过伽利略所用的是折射望远镜，这种望远镜由于透镜(主要是物镜)所具有的色差等当时技术难以消除的效应而无法达到很高的放大率。17世纪后期，另一位科学巨匠牛顿发明了反射望远镜[②]，用反射面替代了折射望远镜中的物镜，从而避免了透镜色差带来的困扰。赫歇耳所制作的就是反射望远镜，这种望远镜的反射面可以用金属制作而无需使用玻璃。

为了制作望远镜，赫歇耳将自己在巴斯的住所改造成了望远镜"梦工厂"：客厅被用来制作镜架与镜筒，卧室变成了研磨目镜的场所，厨房里则架起了熊熊的熔炉。赫歇耳细心试验了许多不同成分的合金，最后选择了用71％的铜与29％的锡组成的合金，作为制作反射面的材料。在制作望远镜期间，除妹妹卡洛琳外，赫歇耳还得到了弟弟亚历山大(Alexander Herschel)的帮助。赫歇耳一生制作的望远镜有几百架之多，不仅满足了自己的需要，而且还通过出售望远镜使家庭获得了数目不菲的额外收入。在长期的制作中，他的作坊也一度发生过严重的事故，导致熔融的金属四处飞溅，幸好大家闪避及时，奇迹般地未造成人员伤亡。

---

① 值得注意的是，伽利略在其早期著作《星际使者》(*The Starry Messenger*)的开篇曾以第三人称的口吻将望远镜说成是自己的发明(不过他在正文中提到自己在制作望远镜之前听说过他人制作望远镜的消息)。由于这段文字的影响，伽利略曾被一些人视为是望远镜的发明者，这一说法如今已被否定。不过平心而论，伽利略在改进望远镜方面所做的贡献是巨大的，不仅大大提高了放大率，而且据说是他首先得到了望远镜放大率的公式。另外，他在制作自己的望远镜之前只是听说过有关望远镜的消息，而未见过实物。因此将伽利略视为望远镜的发明者之一也并不过分。

② 反射望远镜的设计在牛顿之前就已存在，但牛顿最早制作出了具有实用价值的反射望远镜。牛顿的制作水平之高，使伦敦的工匠们在几年之后都没有能力加以效仿。

1778年，赫歇耳的家庭作坊制作出了一架直径6.2英寸、焦距7英尺的反射望远镜。这架望远镜在天文史上有着重要的意义，被后世称为"七英尺望远镜"（图3）。后来的检验表明，赫歇耳这架"七英尺望远镜"的性能全面超越了当时英国格林威治（Greenwich）皇家天文台的望远镜。赫歇耳用自己的双手制造出了当时全世界最顶尖的观测设备，为自己的天文观测之路迈出了无比坚实的第一步。终其一生，赫歇耳孜孜不倦地建造着更大的望远镜，一次再次地刷新着自己——从而也是整个天文学界——的纪录，他在这一领域的优势不仅在其有生之年从未被反超过，甚至在去世之后仍保持了很长时间。

图3 赫歇耳的"七英尺望远镜"

三年后的一个春季的夜晚，一颗略带圆面的星星出现在了赫歇耳那架"七英尺望远镜"的视野里，他一生最伟大的发现来临了。

3 巡天偶得

天文观测在外人看来也许是一项很浪漫的事业,但实际上虽不乏浪漫,却也充满了艰辛。即便拥有高质量的望远镜,一项天文发现的背后也往往凝聚着天文学家长年累月的心血。赫歇耳不仅在制作望远镜上走在了同时代人的前面,在天文观测上也有着常人难以企及的细心和热忱。他一生仅巡天观测就进行了四次之多,每一次都对观测到的天体进行了系统而全面的记录。其中最早的一次是通过一架口径 4.5 英寸的反射望远镜进行的,涵盖的是所有视星等亮于 4 的天体①。由于视星等亮于 4 的天体用肉眼都清晰可见,这样的观测对于他精心制作的望远镜来说无疑只是牛刀小试。而且,这类天体既然用肉眼就能看见,从中做出任何重大发现的可能性显然都是微乎其微的。用功利的眼光来看,这样的巡天观测几乎是在浪费时间,但对赫歇耳来说,天文观测的乐趣远远超越了任何功利的目的。从这样一次注定不可能有重大发

---

① 视星等是描述天体表观亮度的参数,视星等越低,天体的表观亮度就越高。具体地讲,1 等星的表观亮度是 6 等星的 100 倍。(请读者从中推算一下,视星等每降低 1 等,表观亮度会增加多少?)正常的肉眼在最佳观测条件下所能看到的最暗天体的视星等约为6 等。

现的巡天观测开始自己的观测生涯,极好地体现了赫歇耳在天文观测上扎实、沉稳、严谨、系统的风格。除了这种极具专业色彩的风格外,赫歇耳对天文观测的酷爱程度也是非常罕见的。他对观测的沉醉,实已达到了废寝忘食的境界。在他从事观测时,食物常常是卡洛琳用勺子一小口一小口地喂进他的嘴里,而睡觉则往往要托坏天气的福。正是这样的专业风格与忘我热忱的完美结合,最终成就了天文观测史上的一次伟大发现。

几年下来,赫歇耳以及他所制造的望远镜在英国学术圈里渐渐有了一些知名度。"七英尺望远镜"制作完成后,赫歇耳开始用这架举世无双的望远镜进行自己的第二次巡天观测,这次巡天观测的目的之一是寻找双星(赫歇耳一生共找到过 800 多对双星,是研究双星的先驱者之一),所涵盖的最暗天体的表观亮度约为 8 等,相当于上次巡天观测所涉及的最暗天体表观亮度的 1/40,或肉眼所能看到的最暗天体表观亮度的 1/6。显然,这次巡天观测所涉及的天体数量比上一次大得多,工作量也大得多。

1781 年 3 月 13 日夜晚 10 点到 11 点之间,赫歇耳的望远镜指向了位于金牛座(Taurus)—"角"(ζ 星)与双子座(Gemini)—"脚"(η 星)之间的一小片天区。在望远镜的视野里,一个视星等在 6 左右,略带圆面的新天体引起了赫歇耳的注意。那会是一个什么天体呢?由于恒星是不会在望远镜里留下圆面的,因此这一天体不像是恒星。为了证实这一点,赫歇耳更换了望远镜的镜片,将放大倍率由巡天观测所用的 227 倍增加到 460 倍,尔后又进一步增加到 932 倍,结果发现这个天体的线度按比例地放大了。(请读者思考一下,赫歇耳既然有放大率更高的镜片,在巡天观测时为什么不用?)毫无疑问,这样的天体绝不可能是恒星,恒星哪怕在更大的放大倍率下也不会呈现出按比例放大的圆面。那么,它究竟是一个什么天体呢?赫歇耳认为答案有可能是星云状物体,也有可能是彗星。但就在他试图一探究竟的时候,巴斯的天公却不作美,一连几天都不适合天文观测,赫歇耳苦等了四天才等来了再次观测这一天体的机会,这时他发现该天体的位置与四天前的记录相比,有了细微的移动。由于星云状物体和恒星一样是不运动的,因此这一发现排除了该天体为

星云状物体的可能性。于是赫歇耳的选项只剩下了一个,那就是彗星,他正式宣布自己发现了一颗新的"彗星"。

发现新彗星虽然算不上是很重大的天文发现,但每颗新彗星的发现都能为天文学家们新增一个研究轨道的对象,而这在当时正是很多人感兴趣的事情。因此天文学家们一得知赫歇耳发现新"彗星"的消息,便立即对新"彗星"展开了观测。令人奇怪的是,这颗新"彗星"并没有像其他彗星那样拖着长长的尾巴。用后人的眼光来看,或许很难理解如此显著的疑点为何没有让赫歇耳意识到自己所发现的其实不是彗星,而是一颗新的行星。但在当时,"新行星"这一概念对很多人来说几乎是一个思维上的盲点。不过科学家毕竟是科学家,他们是不会始终沉陷在盲点里漠视证据的。赫歇耳的发现公布之后,英国皇家学会的天文学家马斯克林(Nevil Maskelyne)在对该"彗星"进行了几个夜晚的跟踪观测之后,率先猜测它有可能是一颗新的行星,因为它不仅没有彗星的尾巴,连轨道也迥异于彗星。当然,凭借短短几个夜晚的观测,马斯克林只能对新天体的轨道进行很粗略的推断。几个月之后,随着观测数据的积累,瑞典天文学家莱克塞尔(Anders Johan Lexell)、法国科学家萨隆(Bochart de Saron),以及法国天体力学大师拉普拉斯彼此独立地从数学上论证了新天体的轨道接近于圆形,从而与接近抛物线的彗星轨道截然不同。与此同时,赫歇耳本人也借助自己无与伦比的望远镜优势对新天体的大小进行了估计,结果发现其直径约为 54 700 千米,是地球直径的 4 倍多①。显然,在近圆形轨道上运动的如此巨大的天体只能是行星,而绝不可能是彗星。因此到了 1781 年的秋天,天文学界已普遍认为赫歇耳发现的是太阳系的第七大行星。这颗行星比水星、金星、地球和火星都大得多,甚至比它们加在一起还要大得多,它绕太阳公转的轨道半径约为 30 亿千米,相当于土星轨道半径的两倍,或地球轨道半径的 20 倍。

---

① 赫歇耳得到的这一数值略大于现代观测值,后者为赤道直径 51 118 千米,两极直径 49 946 千米。

几千年来，人类所认识的太阳系的疆界终于第一次得到了扩展①。

赫歇耳的伟大发现立即被英国天文学界引为骄傲，赫歇耳本人也因此而获得了巨大的荣誉。1781 年 11 月，英国皇家学会将自己的最高奖——考普雷奖(Copley Medal)授予了赫歇耳，并接纳他为皇家天文学会的成员。赫歇耳从此成为了职业天文学家。为了让赫歇耳有充裕的财力从事研究，皇家学会免除了他的会费。不仅如此，英王乔治三世还特意为他提供了津贴，并亲自接见了他。后来乔治三世干脆请赫歇耳迁居到温莎堡(Windsor Castle)附近，以便能让他时常向皇室成员讲解星空知识。作为回报，赫歇耳在皇家学会的提示下写了一封感谢信，盛赞乔治三世对他的慷慨资助，并提议将新行星命名为"乔治星"(Georgian Planet)。虽然在新天体的命名中发现者通常享有优先权，但像"乔治星"这样一个富有政治意味的名字还是立即遭到了英国以外几乎所有天文学家的一致反对。赫歇耳本人也私下承认，这个名字是不可能被普遍接受的。在新行星的命名竞赛中最终胜出的，是德国天文学家波德(Johann Elert Bode)，他提议的名称是乌拉诺斯(Uranus)，这是希腊神话中的天空之神，也是萨坦(土星)的父亲。这一名称之所以胜出，是由于它与太阳系其他行星的命名方式具有明显的传承关系：在其他行星的命名中，朱庇特(木星)是玛尔斯(火星)的父亲，萨坦(土星)是朱庇特(木星)的父亲，有这样一连串"父子关系"为后盾，在土星之外的行星以萨坦(土星)的父亲乌拉诺斯来命名无疑是顺理成章的②。在中文中，这一行星被称为天王星。

发现天王星的那年赫歇耳已经 42 岁，一生的旅途已经走过了一半。在后半生里，他放弃了音乐生涯，将全部的精力都投注在了星空里，孜孜不倦地继续自己的天文事业，并且作出了卓越的贡献。除发现天王星外，他还分别发现

---

① 这里我们没有把质量微不足道的彗星计算在内。

② 在新行星的命名基本得到公认之后，一些英国天文学家仍固执地延用着"乔治星"这一名称，直至 19 世纪中叶。

了土星及天王星的两颗卫星①。他在恒星天文学、双星系统及银河系结构等领域的研究都具有奠基意义。他所绘制的星图远比以往的任何同类星图都更全面,同时他还是最早发现红外辐射的科学家。

1822年8月25日,赫歇耳在自己工作了几十年的观星楼里离开了人世。他的一生只差3个月就满84岁,只差4个月就是他所发现的天王星绕太阳公转一圈的时间。

① 赫歇耳晚年曾认为自己还发现了天王星的另外四颗卫星,但那些"发现"后来要么被证实是错误的,要么因存在明显的疑点而未得到公认。

4 命运弄人

听完了发现天王星的故事,有读者也许会提出这样一个问题,那就是天王星为什么没有更早地被人们发现呢? 我们前面提到过,天王星的视星等在 6 左右,事实上,在最亮时它的视星等甚至可以达到 5.5。(请读者想一想,什么情况下天王星看起来会最亮?)这样的亮度连肉眼都有可能勉强看到,却为何没有更早地就被人们发现呢? 赫歇耳之前的天文学家们虽然没有像"七英尺望远镜"那样出色的望远镜,但他们的望远镜用来观测像天王星这样一个原则上连肉眼都有可能看到的天体却是绰绰有余的。自伽利略之后的那么多年里,那么多的天文学家在那么多个晴朗的夜晚仰望苍穹,却为何会将发现新行星的伟大荣誉留到1781 年呢?

我们在前面的叙述中已经知道,赫歇耳发现天王星的过程并不是一个有意寻找新行星的过程,甚至在发现天王星之后他还一度将之视为彗星。这一切都表明天王星的发现带有一定的偶然性,是一个"无心插柳"的过程。与赫歇耳同时代的一些天文学家曾因此而将赫歇耳对天王星的发现视为是好运气之下的偶然发现。赫歇耳的一生对荣誉大体是看得比较淡的,但他对这种将他发现天王星的过程视为偶然的说法还是明确表示了反对。他写下了这样的文字：

> 我对天空中的每颗星星都进行了有规律的排查，不仅包括（像天王星）那样亮度的，还包括许多暗淡得多的，它（天王星）只不过是恰好在那个夜晚被发现。我一直就在逐渐品读大自然所写的伟大著作，如今恰好读到了包含第七颗行星的那一页。假如有什么事情妨碍了那个夜晚，我必定会在下个夜晚发现它。我望远镜的高品质使得我一看到它便能感觉出它那可以分辨的行星圆面。

赫歇耳的这段文字不仅为自己发现天王星的必然性做了注解，而且也很好地说明了为什么在他之前那么多的天文学家都一直没有发现天王星。要知道，看到一颗暗淡的新行星虽然困难，但比这困难得多的则是要判断出它是行星而不是恒星。天王星被发现之后，人们对历史上的天文记录进行了重新排查，结果发现天王星在赫歇耳之前起码已被记录了22次之多，其中最早的一次可以追溯到1690年，比赫歇耳早了将近一个世纪。可惜留下这22次记录的天文学家们无一例外地与发现天王星的伟大荣誉擦肩而过。之所以会如此，是因为其中没有一位意识到自己观测到的不是恒星，而是行星。我们知道，在气象条件良好的夜晚，单凭肉眼就可以看到数以千计的星星，借助小型望远镜的帮助所能看到的天体数量更是多达数十万，这其中绝大多数都是恒星，任何人都不可能，也绝无必要对它们一一进行跟踪观测。因此，除非意识到或怀疑到自己所观测的有可能不是恒星，天文学家们通常是不会随意对一个天体进行跟踪观测的，而如果不进行跟踪观测，就无法发现行星的运动，从而也就失去了从运动方式上辨别行星的机会。

那么赫歇耳为什么会想到要对天王星进行跟踪观测呢？正是因为他意识到了自己所观测的有可能不是恒星。如我们在第3章中所介绍的，赫歇耳在发现天王星的过程中换用了几种不同的镜片，放大率从227倍增加到

932 倍①,从而不仅发现了天王星的圆面,而且还发现其线度随放大率的增加而增加。因此他在静态条件下就发现了天王星与恒星的区别。这是历史上所有与天王星擦肩而过的天文学家们从未有过的优势。以英国的天文学家为例,当时英国皇家天文台最好的望远镜的放大率也只有270倍。赫歇耳拥有如此巨大的设备优势,他成为发现天王星的第一人也就绝非偶然了。而最终使这一伟大发现成为必然的,是赫歇耳所进行的巡天观测。这样的巡天观测正是赫歇耳所说的"品读大自然所写的伟大著作",在这样周密而系统的"品读"中,一颗像天王星那样的 6 等星的落网是必然的。

不过,命运有时会跟人开残酷的玩笑。在赫歇耳之前曾经记录过天王星的所有天文学家中,最令人惋惜的是一位法国天文学家,他叫拉莫尼亚(Pierre Charles Le Monnier)。自 1750 年之后,他先后 12 次记录了天王星的位置。其中从 1768 年 12 月 28 日到 1769 年 1 月 23 日的短短二十几天里,他不知出于何种考虑,竟然 8 次记录了天王星的位置。照理说,这样密集的记录是足以显示天王星的行星运动的。但是命运女神却向可怜的拉莫尼亚开了一个最最残酷的玩笑。我们知道,由于地球本身在绕太阳运动,我们在地球上观测到的行星在背景星空中的运动实际上是它们相对于地球的表观运动。对于像天王星这样轨道位于地球公转轨道之外,从而轨道运动速度低于地球轨道运动速度的行星来说,它的表观运动方向有时会与实际的公转方向相反。这就好比当我们坐在一辆正在行驶的车里观测其他车辆时,如果我们自己的车速比较快,就会看到一些与我们同向行驶的车辆相对于我们在倒退。在天文

---

① 这还不是赫歇耳当时拥有的最高放大率,后者高达 2010 倍,比英国皇家天文台最好的望远镜高出将近一个数量级,一度让他的同时代人觉得匪夷所思,有人甚至怀疑那是胡吹。为了平息怀疑,赫歇耳应邀将自己的望远镜带到皇家天文台与那里的望远镜进行了比较。比较的结果是赫歇耳当之无愧地坐上了当时望远镜制作的头把交椅。在比较的过程中最有戏剧性的是马斯克林(即那位最早猜测天王星是行星的天文学家)的反应。他在刚看到"七英尺望远镜"时对它的镜架很感兴趣,打算为自己的望远镜也配备一个,但在比较了两架望远镜的性能后,却沮丧地承认自己的望远镜也许根本就不配拥有一个好的镜架。

学上，这样的表观运动被称为表观逆行(图4)。表观逆行在行星的表观运动中只占一小部分。在行星从表观逆行转入正向运动的过程中，会有一小段时间看上去是几乎不动的。这就好比一辆倒行的汽车在转为正向行车的过程中，会有一小段时间看上去速度为零。拉莫尼亚万万没有想到的是，他那8次密集记录竟然恰好是在天王星从表观逆行运动转为正向运动的那一小段时间附近，那时候的天王星相对于背景星空几乎恰好是看起来不动的①！如果说赫歇耳成为天王星的发现者有什么偶然性的话，这也许就是最大的偶然性。

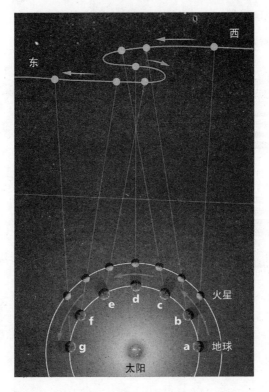

图4　行星的表观逆行

---

① 拉莫尼亚的性格比较暴躁，人缘也不好，被普遍视为是一位不细心的观测者，这一点曾被认为是他未能发现天王星的原因。不过有关他"不细心"的某些具体传闻，比如说他将有关天王星的数据随手写在一个纸袋上，实际上是讹传。

5 虚席以待

一颗自17世纪末以来就被反复观测过的6等星竟会是太阳系的第七大行星,赫歇耳的这一发现不仅一举击碎了太阳系行星数目亘古不变的神话,而且激起了人们对寻找太阳系疆界的极大兴趣。"新行星"这一概念几乎在一夜间就从被人遗忘的垃圾股变成了万众瞩目的绩优股,引发了天文学家们极大的热情。在太阳系中,像天王星这样"大隐隐朝市"的行星究竟还有多少? 人们恨不能立刻就揭开谜底。

星海茫茫,到哪里去寻找新行星呢? 难道要像赫歇耳一样再来一次巡天偶得? 幸运的是,太阳系行星的分布就像地球上居民的分布,有一定的规律可循。其中最显著的规律就是行星轨道大都分布在黄道面(即地球的公转轨道平面)附近。这表明,寻找新行星不必漫天撒网,而只需在黄道面附近寻找——这就好比在地球上寻找一位居民时,无需掘地三尺,也不必潜入深海。更幸运的是,行星的分布似乎还有着进一步的规律,这规律帮了天文学家们的大忙。

这个规律的发现可以回溯到天王星发现之前的1766年。那一年,德国天文学家提丢斯(Johann Daniel Titius)注意到:如果以地球公转轨道的半径为单位(这称为天文单位)，那么各大行星的轨道半径近似地满足一个非常简单的数学关系式：$r_n = 0.4 + 0.3 \times 2^n$，其中：

水星对应于 $n = -\infty$，$r_n = 0.4$(观测值为 0.4)；

金星对应于 $n = 0$，$r_n = 0.7$(观测值为 0.7)；

地球对应于 $n = 1$，$r_n = 1.0$(观测值为 1.0)；

火星对应于 $n = 2$，$r_n = 1.6$(观测值为 1.5)；

木星对应于 $n = 4$，$r_n = 5.2$(观测值为 5.2)；

土星对应于 $n = 5$，$r_n = 10.0$(观测值为 9.5)。

德国天文学家

提丢斯（1729—1796）

这个经验法则除了对火星和土星有 5‰～7‰ 的偏差外，对其他几个行星都很准确[1]。提丢斯将这一结果加注在了自己 1766 年翻译的瑞士博物学家波涅特(Charles Bonnet)的著作《自然的沉思》中，但在加注时未曾标明自己的名字[2]。

提丢斯匿名加注的这些结果起初并未引起人们注意。但 6 年后的 1772 年，德国天文学家波德，即我们在第 3 章中提到的那位后来在天王星的命名竞赛中胜出的波德，在为自己的热门著作《星空知识指南》准备新版时，注意到了提丢斯加注在《自然的沉思》中的经验法则。他立刻被这一法则所吸引，将之添加到了自己的著作中。但很不应该的是，波德在添加这些内容时完全没有提及波涅特或提丢斯的名字。不提提丢斯倒也罢了，因为提丢斯在加注那些内容时是匿名的，可

---

[1] 当然，这里采用的是现代的表述方式，提丢斯本人的表述是这样的："将太阳到土星的距离分成 100 份，那么水星与太阳被 4 个这样的部分所分隔；金星被 4+3＝7 个这样的部分所分隔；地球被 4+6＝10；火星被 4+12＝16；……所分隔。"

[2] 直到 1772 年再版后，提丢斯才用一个字母"T"(他的姓氏首字母)标明自己所注的内容。而到了 1783 年，不知是否是出于对波德"借用"其成果的不满，他又过分慷慨地将自己发现的这一经验规律归功给了德国哲学家沃夫(Christian von Wolff)，其实沃夫只是曾经列出过行星轨道半径的相对大小，并未提出或暗示过任何经验规律。

是连波涅特的名字也不提，波德在这件事情上是有显著的剽窃之嫌的。

波德的《星空知识指南》在当时受到热烈欢迎，加上波德本人此后几年的积极宣传，在客观上大力传播了提丢斯的经验法则，使波德这位不太光彩的"热心人"成了这一传播的最大受益者，这个经验法则很快就被张冠李戴成了"波德定则"。9 年之后，天王星的发现给了波德定则一个极大的支持，天王星的轨道半径与波德定则有着极好的吻合，误差只有 2%（请读者自行查验）。这一点使得许多原本认为波德定则纯系巧合的天文学家深受震动，也使波德定则成为后来几十年间天文学家们寻找新行星的重要向导。随着波德定则重要性的提升，历史的真相也开始得到了显现。1784 年，在"借用"提

德国天文学家波德

丢斯的结果整整 12 年之后，波德终于承认了提丢斯的贡献。但那时生米早已煮成熟饭，波德的名字与提丢斯的定则已变得难舍难分，后世的天文学家们往往折中地将这一定则称为提丢斯-波德定则。

现在让我们回到寻找新行星的宏伟大业上来。细心的读者或许已经从前面列举的行星轨道数据中看出了一个问题，那就是火星和木星这两个相邻行星的轨道在提丢斯-波德定则中分别对应于 $n=2$ 和 $n=4$，中间在距太阳 2.8 天文单位的地方缺了一个 $n=3$。大自然怎么会在火星和木星之间留下如此显著的一个空缺呢？这个问题提丢斯在提出他的定则时就注意到了。这个奇怪的空缺似乎是在虚席以待一颗尚未露面的新行星，但当时天王星尚未被发现，太阳系六大行星的观念还根深蒂固，提丢斯未敢在太岁头上动土，于是他猜测那里可能存在一颗火星或木星的卫星①。这个猜测很大胆，但也很荒唐，

---

① 提丢斯虽然未敢在太岁头上动土，不过比提丢斯更大胆的人也是有的。事实上，早在 16 世纪末，开普勒就曾猜测过火星与木星之间存在着行星（他还猜测水星与金星之间也存在行星）。在提丢斯之前大约 5 年，德国哲学家兰伯特（Johann Heinrich Lambert）也曾猜测过火星与木星之间有行星。

且不说如此远离行星的"卫星"能否稳定地存在，即便真有那样的卫星，又如何能用来填补属于行星轨道的空缺呢？这不成了"指鹿为马"吗？更何况卫星的轨道是以行星为中心的，它与太阳的平均距离与相应的行星与太阳的平均距离相差无几，从数值上讲也根本不可能对应于 $n=3$ 的空缺。波德对这个空缺也很着迷，不过他在这点上比提丢斯略胜一筹，在"借用"提丢斯的结果时，他果断地将提丢斯那破绽百出的卫星猜测改成了行星猜测。

显然，如果提丢斯-波德定则可以信赖，那么寻找新行星的首选战场就应该是火星与木星之间距太阳 2.8 天文单位的这一神秘空缺。相对于遥远的外行星，这一空缺距离地球可算是近在咫尺，观测起来也相对容易许多。于是天文学家们纷纷将目光汇聚到了那里。

在那里，他们将会发现什么呢？

6 失 而 复 得

星空的浩渺对于没有真正体验过它的人来说是不容易想象的。即便知道了距离，以及大致的轨道平面，即便离地球如此之近，寻找一颗新行星依然不是一件容易的事情，因为行星出现在轨道的哪一段上仍然是未知的。这就好比警察抓捕逃犯，即便知道逃犯一定就在某座城市里，要想抓住依然不是一件容易的事情，因为逃犯躲在城市的哪个角落仍然是未知的。

当时有意在夜空中抓捕"逃犯"的"警察"还真不少，其中有位叫做扎克(Franz Xaver von Zach)的匈牙利人尤为热心。他曾经拜访过赫歇耳，并从此对寻找新行星产生了浓厚兴趣。自1787年以来，扎克花了整整13年的时间试图寻找位于火星与木星之间的新行星，却一无所获。眼看着"逃犯"将要安然度过18世纪，扎克意识到单枪匹马抓捕"逃犯"的效率实在太低，便决定改变策略。他找了几位运气跟他差不多坏的伙伴商议了一下，决定将新行星的轨道区域分为24块，分别交由24位"天空警察"进行分片搜索。布下这样的天罗地网，无论狡猾的"逃犯"躲在哪个角落都将会难以遁形。老实说，这个分片包干的金点子并非扎克的首创，而是以前就有人提议过，只不过从未付诸实施。

出人意料的是，正当扎克广发英雄帖给欧洲各地的天文学家，抓捕计划已如箭在弦的时候，从意大利的西西里岛（Sicily）忽然传来了"逃犯"落网的消息！勇擒"逃犯"的是一位单枪匹马的"明星警察"，名叫皮亚奇（Giuseppe Piazzi），他当时从事的工作并不是"抓逃犯"，而是"查户口"——为 6700 多颗星星确定坐标。这是一项枯燥而繁重的工作，为了完成这项工作，皮亚奇一片

意大利天文学家
皮亚奇（1746—1826）

一片有规律地巡视着星空，在这点上他很像当年的赫歇耳。他这苦力活一干就是 11 年。1801 年 1 月 1 日，新世纪来临后的第一天，皮亚奇的望远镜指向了金牛座。这个星座真是天文学家们的幸运星座，20 年前赫歇耳就是在这附近发现了天王星，而此刻"户籍警"皮亚奇也在这里迎来了自己一生的一个重要时刻。他对这一小片天区中的 50 颗星星的坐标进行了记录，第二天，当他对这些星星进行复核时，发现其中有一颗暗淡星体的位置发生了移动！为了确定这种移动不是观测误差，皮亚奇立即对这一天体进行了跟踪观测，结果证实了这种移动的确是天体本身的移动。

1 月 24 日，皮亚奇写信向同事波德、拉兰德（Joseph Lalande）及挚友奥里安尼（Barnaba Oriani）宣布了自己的发现。为了谨慎起见，他在给波德和拉兰德的信中将自己发现的天体称为彗星。毫无疑问，这是一个与赫歇耳将天王星称为彗星同样的错误。不过在经历了天王星的发现后，皮亚奇比赫歇耳要稍稍大胆一点，他在给挚友奥里安尼的信中指出这个天体有可能是一个"比彗星更好"的东西，因为它的运动缓慢而均匀，并且不像彗星那样朦胧。为了最终确定这个天体的性质，皮亚奇决定进行更多的观测，并计算它的轨道。可惜他的观测只进行到 2 月 11 日就因病中止了。而这时波德、拉兰德及奥里安尼尚未收到他的信件。等那三位收到姗姗来迟的信件，想要确认皮亚奇的观测结果时，新天体已经运动到了太阳附近，消失在了光天化日之中。

虽然失去了当场验证的机会，但波德（他直到 3 月20 日才收到皮亚奇的信）坚信那就是自己期待已久的新行星。当然，相信归相信，最终的判断只能留给观测。好在新天体是不可能一辈子躲在太阳背后的，至多几个月，它必将重返夜空。可问题是：那时候到哪里去找回这颗暗淡的新天体呢？事实证明，这个问题并非杞人忧天，这颗"越狱逃亡"的新天体并没有因为留下过案底就变得容易寻找。日子一天天流淌着，无论天文学家们如何努力，皮亚奇的新天体却再也没有露面。

有读者可能会问：皮亚奇不是对新天体进行了跟踪观测吗？从他的观测数据中把新天体的轨道计算出来不就行了？这个想法是一点都不错的，可实际做起来却绝非易事。在新天体失踪的那些日子里，扎克（他也深信皮亚奇的新天体就是自己想要寻找的新行星）的学生伯克哈特（Johann Karl Burckhardt）就曾对新天体的轨道进行了计算。按照他的计算，天文学家们采取了突击搜查，可惜却扑了个空。皮亚奇自己也进行过计算，结果也劳而无功。计算新天体的轨道之所以困难，是因为皮亚奇的观测只持续了一个多月，所涵盖的只是新天体公转周期的 2% 左右，而且其中还很不凑巧地包含了表观逆行部分，使结果变得更为复杂。要从这样的观测片断中推算出整个轨道来，无疑是很困难的。更何况观测总是有误差，从这么少的观测数据来推断轨道极易造成误差的放大。最后，我们也不能忘记当时还没有计算机，所有的计算都要依靠纸和笔来完成，这样的计算动辄就要花费很长的时间，有时甚至还不如拿起望远镜直接碰运气来得快捷。因此，推断新天体的轨道，从而预测新天体的位置虽然不是不可能，但却需要福尔摩斯般的技巧，只有第一流的数学高手才能将这种可能性变为现实。

幸运的是，当时就有一位这样的数学高手前来助人为乐。此人还不是一般的高手，他就是人类有史以来最伟大的数学天才之一，被后人尊称为"数学王子"的德国数学家高斯（Carl Friedrich Gauss）。

当天文学家们为寻找皮亚奇的新天体而忙碌时，这位当时才24 岁的数学天才决定助他们一臂之力。在这个节骨眼上，由高斯这样的数学巨匠（虽然当时的高斯还不像后来那么有名）来帮天文学家们计算一个小小的天体轨道,简直就像是摇滚巨星跑来替一家小酒馆义演。高斯仅用两个月的时间,就不仅计算出了新天体的轨道,而且提出了比旧方法高明得多的一整套计算轨道的新方法①。高斯把他的计算结果寄给了扎克,后者欣喜若狂,立即公诸于世。借助高斯的计算结果,扎克于 1801 年 12 月 7 日重新找到了皮亚奇的新天体。经过持续观测,他终于在 1802 年的新年钟声即将敲响的那个夜晚确认了新天体的二度落网,它的位置与高斯的预测只差半度。几个小时之后,德国业余天文学家奥伯斯（Heinrich Wilhelm Olbers）也独立地确认了同样的发现。这颗在 1801 年的第一个夜晚被"抓获",又在同一年的最后一个夜晚被重新"捉拿归案"的新天体被称为色列斯（Ceres）（图 5）。这是皮亚奇所取的名字,它是罗马神话中的谷物女神,同时也是皮亚奇所在的西西里岛的保护神。在中文中这一天体被称为谷神星②。

图 5 哈勃望远镜拍摄的谷神星

---

① 高斯在计算中采用了他自己 1794—1795 年间发展起来的,后来被称为"最小平方法"（least square method）的方法。不过他直到 1809 才发表这一方法,从发表时间上讲,晚于法国数学家勒让德（Adrien-Marie Legendre）,后者 1806 就发表了最小平方法。

② 确切地讲,Ceres 只是皮亚奇为谷神星所取名字的前半部分,他提议的全名是 Ceres Ferdinandea,其中 Ferdinandea 是当时那不勒斯和西西里的统治者。与赫歇耳当年提议的"乔治星"一样,Ferdinandea 这个带有政治意味的名称也立刻就被天文学家们丢弃了。

　　高斯的计算相当精确地给出了谷神星的轨道，它的半径被确定为 2.77 天文单位，与提丢斯-波德定则吻合得很好（误差只有 1%）。看来人们终于找到了位于火星与木星之间的新行星。事实上，早在谷神星被找回之前，对提丢斯-波德定则深信不疑的波德就已急不可耐地将之称为行星了。不过在欣喜之余，天文学家们也感到了一丝困惑：谷神星被皮亚奇发现时的视星等只有 8，不仅无法与金、木、水、火、土五大行星相比，甚至比遥远的天王星还暗淡得多。一颗距地球如此之近的行星，为什么会如此暗淡呢？

7 名分之争

　　正当人们为谷神星感到困惑的时候，更大的麻烦出现了：1802 年 3 月 28 日——距离谷神星被重新发现仅仅过了三个多月——与扎克几乎同时找回谷神星的奥伯斯在试图观测谷神星的时候，意外地发现了另外一颗移动的星星。这个天体后来被他称为派勒斯(Pallas)，这是希腊神话中的智慧女神，也叫雅典娜(Athena)。在中文中，这一天体被称为智神星。

　　智神星被发现之后，高斯立刻用自己的新方法计算了它的轨道，结果发现它的轨道虽然不太圆，但平均半径与谷神星几乎完全一样，也是 2.77 天文单位。这下麻烦大了，一个轨道区域居然挤进了两颗行星，这真是前所未闻的怪事，简直比缺了一颗行星还让人觉得不可思议。如果说发现谷神星带给大家的是喜悦，那么智神星的出现就多少有点令人尴尬了。谷神星的卧榻之侧居然有智神星酣然沉睡，这可能吗？这可以吗？急性子的波德率先对智神星投下了不信任票，他猜测奥伯斯发现的只是一颗彗星(彗星真可怜，总是被人拿来当替代品)。要说波德的这一怀疑还真是有点厚此薄彼，想当初谷神星尚在"越狱潜逃"期间，他就热情万丈地以行星头衔相赠，而现在智神星只不过晚来了几个月，就怀疑人家是彗星世界的"奸细"。

这时候行星观测的元老级人物赫歇耳出来放话了，他说，依我看这两个天体谁也没资格当行星，因为它们都太小了，只能称为小行星（asteroid）①。在人们大都期盼新行星的时候，赫歇耳说出这样的话来多少有些扫大家的兴，但以他的身份，说话自然不会是信口开河。那么他的依据何在呢？原来他老人家已经悄悄为这两个暗淡的小家伙度量了"身材"，结果发现它们的直径只有两百多千米。这样的直径还不到月球的 1/10，又岂能有资格坐在行星的宝座上？今天我们知道，谷神星的直径实际有将近 1000 千米，智神星也有 500 多千米，远远大于赫歇耳的估计（但仍比月球小得多）（图 6）。不过这倒也不能怪赫歇耳，这两个天体实在太小，小到了就连他的望远镜也无法通过观测其圆面来判断大小，而只能通过间接手段进行估计，从而误差很大。不过一开始人们所不知道的是，谷神星的小其实让赫歇耳吃了一个不大不小的哑巴亏：在谷神星"潜逃"的那些日子里，嗜观测如命的赫歇耳也当仁不让地加入到了追捕者的行列，却也像其他人一样铩羽而归。他之所以失败，部分原因就是因为他以为凭借自己天下无双的望远镜，应该能像发现天王星那样直接从圆面上发现谷神星，结果却阴沟里翻了船。谷神星即便在他的望远镜里，也依然保持了苗条的身材，丝毫不显山露水。究其原因，都是太小惹的祸。

图 6 地球（右）、月球（左上）、谷神星（左下）大小对比

① 赫歇耳提出的名称是"star-like"，意思是"像星星一样"，形容其小。"asteroid"是这一名称在希腊文中的对应。

现在该是它为自己的"小"付出代价的时候了。

但赫歇耳的这一提议却遭到了很多人的反对。客气的将之视为文字游戏,不客气的则干脆认为赫歇耳之所以这样提议,目的乃是要让自己发现天王星的贡献盖过皮亚奇和奥伯斯发现谷神星和智神星的贡献(看来荣誉有时还真是一种包袱)。也许归根到底,是人们期待新行星已经期待得太辛苦,实在不想失去已经被发现的新"行星"。不过皮亚奇和奥伯斯这两位发现者本人反倒是没有介意,他们同意了赫歇耳的观点(皮亚奇提议用 planetoid 取代asteroid,但在谷神星和智神星不具有行星资格这点上他并无异议)。

这场早期的行星名分之争并未持续太久。两年之后,1804 年 9 月 1 日,德国天文学家哈丁(Karl Harding)在火星与木星之间又发现了一颗新天体,这颗新天体很快被命名为婚神星(Juno),它的轨道也基本满足提丢斯-波德定则的预期。这下算是热闹了,在火星和木星之间抢夺行星宝座的天体由两个变成了三个。不过热闹是热闹了,同时却也成为了最终葬送所有候选者荣登行星宝座机会的导火索。正所谓"三个和尚没水喝",没有新行星虽然令人失望,可新行星太多了却更让人受不了,于是大家逐渐同意了赫歇耳的提议,将这几个小家伙通通贬为了"小行星"①。后来的观测表明,在火星和木星之间存在着成千上万的小行星,它们环绕太阳组成了一个美丽的小行星带。

不过当时谁也不会想到,某些小行星的名分会在时隔两个世纪之后又起了微妙的变化,这是后话。

---

① 这一名分之争的完全落幕其实经历了一个较长的时间。直到1852年,还有天文学教材将当时已发现的小行星与行星合在一起(共计 23 颗),统称为行星。不过这一趋势在那之后便戛然而止。

8 轨 道 拉 锯

　　小行星带的发现对提丢斯-波德定则无疑又是一个很大的支持,同时也填补了行星轨道分布中唯一的空缺。如果太阳系还存在其他行星,那么寻找的范围应该是在天王星的轨道之外,对应于 $n=7$ 的地方。这一轨道的半径为38.8 天文单位。不过,无论天文学家们对提丢斯-波德定则的信心如何爆棚,一个再明显不过的事实是:即便提丢斯-波德定则真的是一个普遍规律(事实上它并不是),它也绝不可能告诉我们太阳系到底会有几颗行星。提丢斯-波德定则中的 n 可以无限增大,太阳系却不可能是漫无边际的。小行星带由于出现在火星和木星之间的空缺上,因此很多人有理由相信在那里能有所发现。但天王星之外是否存在新的行星,则完全是一个未知数,这使得天文学家们寻找新行星的兴趣在经历了天王星和小行星带的发现之后有所降温。

　　可惜树欲静而风不止,老天爷看来并不想让天文学家们的日子过得太平静。

　　天王星被发现之后,摆在天文学家们面前的一个显而易见的任务就是计算它的轨道。这在当时是很受青睐的工作,这项工作几乎立刻就展开了。如我们在第3章中所说,在短短几个月内,萨隆、莱克塞尔和拉普拉斯就各自计算出了天王星的近似圆轨道，这对于确定天王星的行星地位起了重要作用。两年后，拉普拉斯和他的法国同事梅尚（Pierre Méchain）又率先计算出了天王星的椭圆轨道。

计算出了轨道，人们就可以预言天王星在每个夜晚的位置。一颗遥远行星在天空中的舞步居然可以用科学家手中的纸和笔来导演，这是牛顿力学最令人心醉的地方，也一直是天文学家们在艰苦计算之余最大的欣慰和享受，那种惬意的感觉，宛如是在劳作之后品尝一坛醇香四溢的美酒。不幸的是，这美酒在天王星这里却变了味。当天文学家们放下手中的纸和笔，将望远镜指向理论预言过的位置，打算像往常一样欣赏一次理论与观测的完美契合时，这位太阳系的新成员却出人意料地缺席了。

天王星的缺席让天文学家们感到了一丝意外。但他们没有想到的是，这小小的意外竟是他们与天王星之间一场长达数十年的拉锯战的开始。

天文学家们起先并未对天王星的缺席太过担忧，因为天王星的轨道周期长达84年，而当时积累的观测数据只有区区两年，还不到轨道周期的3%，凭借这么少的数据是很难进行精确计算的。那么怎样才能改善计算的精度呢？

英国天文学家

弗拉姆斯蒂德（1646—1719）

显然需要更多的数据。可积累数据需要时间，这却是半点也着急不得的。怎么办呢？波德想出了一个好主意，那就是翻旧账，看看天王星是否在赫歇耳之前就曾经被天文学家们记录过。如果记录过，那么将那些历史记录与自赫歇耳以来的现代数据合并在一起，就可以既提高计算的精度，又避免漫长的等待。这个一举两得的好主意没有让波德失望，如我们在第4章中所说，天王星的确在赫歇耳之前就曾被反复记录过，其中最早的记录是英国天文学家弗拉姆斯蒂德（John Flamsteed）留下的，时间是1690年，比赫歇耳早了91年。

在历史记录与现代数据的共同帮助下，奥地利天文学家菲克斯米尔纳

(Alexander Fixlmillner)率先对天王星轨道作了重新计算,他的计算包含了1690年弗拉姆斯蒂德的记录、1756年梅耶(Tobias Mayer,德国天文学家)的记录,以及1781年至1783年间赫歇耳和他自己的观测数据。他的计算与观测数据之间的误差只有几[角]秒①,这在当时是很不错的结果。1786年,菲克斯米尔纳发表了他的结果。在天文学家们与天王星的轨道拉锯战中,菲克斯米尔纳为天文学家们拔得了头筹。

可惜好景不长,菲克斯米尔纳的计算发表后才过了两年,天王星就扳回了一城——它偏离了菲克斯米尔纳的轨道。心有不甘的菲克斯米尔纳尽了最大的努力试图挽救自己的计算,却沮丧地发现历史记录与最新的观测数据仿佛变成了一付跷跷板的两个端点,一端压下去,另一端就会跷起来。看来鱼和熊掌已无法兼得,菲克斯米尔纳决定舍鱼而取熊掌,他做了一个在他看来最合理的选择,那就是抛弃年代最为久远的弗拉姆斯蒂德的观测记录。做出了这种"壮士断腕"的行动后,菲克斯米尔纳再次计算了天王星的轨道,总算重新将误差控制在了10[角]秒以内。

但人们对菲克斯米尔纳的选择并不满意,因为被他抛弃的弗拉姆斯蒂德的记录虽然年代久远,观测手段相对简陋,但信誉却丝毫不容低估。弗拉姆斯蒂德是格林威治天文台的奠基者,也是英国第一位皇家天文学家,不仅拥有显赫的头衔,而且素以观测细心著称。他当年曾为牛顿的巨著《自然哲学的数学原理》提供过大量的观测数据②,他所绘制的星图不仅在当时无与伦比,甚至在一个世纪之后仍被奉为经典。在赫歇耳进行天文观测时,放在他桌上作为参考的正是弗拉姆斯蒂德的星图。因此抛弃弗拉姆斯蒂德的记录于情于理都很不妥当,菲克斯米尔纳的新计算能否算是胜利,实在很难论断。

如果不抛弃弗拉姆斯蒂德的记录,跷跷板却又摆不平,这该如何是好呢?

———————

① [角]秒是非常小的角度,等于1度的1/3600,或者圆周(360度)的1/1 296 000。

② 弗拉姆斯蒂德后来与牛顿闹翻了,此后牛顿利用其至高无上的地位,以种种不甚光彩的手段对弗拉姆斯蒂德进行了打击。

简单的逻辑告诉我们，在观测与理论出现矛盾时，如果观测没有问题，那问题就应该出在理论上。当时的理论确实有一个致命的弱点，那就是只考虑了太阳的引力，而没有考虑其他行星的影响，这其中尤以木星和土星的影响最不容忽视。1791 年，法国天文学家达兰伯利（Jean Baptiste Joseph Delambre）率先

考虑了这两颗巨行星对天王星轨道的影响。他的计算很好地拟合了当时已知的所有观测数据，其中包括被菲克斯米尔纳抛弃过的弗拉姆斯蒂德的数据，以及不久前才被发现的拉莫尼亚的早期观测数据。

法国天文学家

达兰伯利（1749—1822）

在木星和土星这两位老大哥的坐镇之下，天王星的气焰终于被打压了下去，天文学家们重新夺回了阵地，太阳系也重新恢复了往日的循规蹈矩[①]。这一"和谐太阳系"维持了较长的时间，直到 1798 年英国天文学家霍恩斯比（Thomas Hornsby）视察战场时，胜利的果实还在枝头挂着。可就在人们以为战争已然落幕，刀枪可以入库的时候，天王星这个注定不肯让天文学家们平静过完 18 世纪的家伙，却将枪口重新探出了大幕！

自 1800 年（18 世纪的最后一年）起，天王星的轨道开始系统性地偏离达兰伯利的计算。

沉默了 8 年的天王星不鸣则已，一鸣惊人，而天文学家们的手中却已无牌可打，只得仓皇退避。

这一退堪称惨败，整整 20 年没缓过劲来。直到 1820 年，才有一位叫做波瓦德（Alexis Bouvard）的法国天文学家站出来绝地反击。这 20 年里天文

法国天文学家

波瓦德（1767—1843）

---

①　在这几年中，天文学家们在人间的日子却过得很不平静，在法国大革命最血腥狂热的 1794 年，最早计算出天王星圆轨道的萨隆死于断头台。

学家们倒也没闲着,现代数据增加了 20 年自不用说,手头的历史记录也增添了两项:一项是新发现的弗拉姆斯蒂德在 1712—1715 年间的观测记录,这项记录很好地填补了弗拉姆斯蒂德 1690 年的记录与拉莫尼亚 1750 年的记录之间原本长达 60 年的数据空白;另一项则是英国天文学家布莱德利(James Bradley)1753 年的观测记录。这时天文学家手中的数据早已不再匮乏,不仅不匮乏,反而多到了能噎死人的程度。波瓦德稍加检视,就发现自己面临的局面与 30 年前菲克斯米尔纳曾经面临过的有着惊人的相似:那就是历史记录与现代数据无论如何也不能匹配。30 年前的局面还有木星和土星来解围,30 年后的今天还能依靠什么呢?无奈之下,波瓦德只得效仿菲克斯米尔纳的"壮士断腕"。可如今的局面比 30 年前还要糟糕,连断腕都不够,得断臂——将赫歇耳之前的所有历史记录一笔勾销——才行。就这样,波瓦德靠着"壮士断臂"的悲壮,于 1821 年计算出了一个新轨道,这个轨道与自赫歇耳以来的新数据勉强吻合。

这样的反击能算是成功吗?恐怕连惨胜都算不上吧?人们还从未在一颗行星的轨道计算上栽过如此多、如此大的跟斗。而且这次付出的代价也实在太大了一点,居然把凝聚了那么多天文学家心血的所有历史记录都丢弃了。即便如此,波瓦德的轨道与某些现代数据的偏差也仍然高达 10[角]秒左右,这虽不致命,却也令人疑惑。不过对于自赫歇耳以来的新数据而言,这一轨道毕竟是当时最好的,并且事实上也是唯一一个尚堪使用的轨道,聊胜于无,因此一些天文学家还是勉强接受了它。

光有天文学家的接受是没有用的,关键还得看天王星这位"敌人"是否赏脸。

那么"敌人"的回答是什么呢?

9 众说纷纭

在这个节骨眼上"敌人"倒是很沉得住气，没有立刻表态。但仗打到这个份上，"敌人"的不置可否反倒让天文学家们无所适从，几乎陷入了"窝里斗"。事实上，很多天文学家对波瓦德付出的"断臂"代价耿耿于怀，因为按照波瓦德的轨道，那些被丢弃的历史记录与计算之间的偏差高达几十[角]秒①。这么大的偏差居然同时出现在这么多彼此独立的观测结果中，难不成留下历史记录的那些天文学家全都在观测天王星的时候喝了酒？ 这实在是令人难以置信的事情。就连波瓦德本人也不得不承认，造成历史记录与现代数据无法匹配的真正原因有待于后人去发现。

但耿耿于怀也好，难以置信也罢，"敌人"既然没有反对，天文学家们也不

---

① 多数读者可能对天文观测的精度没有概念。几十[角]秒的误差是个什么概念呢？那相当于丹麦天文学家第谷(Tycho Brahe)的观测误差。第谷是 16 世纪的天文学家，比最早观测天王星的弗拉姆斯蒂德还早了一个世纪，他的全部观测都是依靠肉眼进行的(望远镜的发明是他去世之后的事)。因此几十[角]秒的误差所对应的精度是肉眼观测的精度(虽然对于肉眼来说这应该算是最高的精度，因为第谷是他那个时代最杰出的天文观测者)。望远镜发明之后，天文观测的精度有了数量级的提高。据分析，伽利略的观测精度就已达到了两[角]秒。

便自己拆自己的台，于是有人开始为波瓦德抛弃历史记录的做法寻找可能的解释。其中有一种解释认为天王星曾经被某颗彗星"撞了一下腰"，从而偏离了正常的轨道①。如果是这样，那么历史记录与现代数据无法匹配就不再是问题了，因为它们描述的分别是碰撞前和碰撞后的轨道，本来就应该彼此不同。由于历史记录一直覆盖到 1771 年（那是拉莫尼亚的最后一次记录），而现代数据则开始于 1781 年（那是赫歇耳的第一次观测），因此人们猜测该撞击发生在 1771—1781 年间。

但是像彗星撞击这样为了特定目的而提出的建立在偶然事件基础上的假设，是科学家们素来不喜欢的。因为人们若是时常用这类假设来解释问题的话，科学就会变成一堆零散假设的杂乱集合，而丧失其系统性。更何况彗星撞击天王星不仅概率实在太小，而且由于彗星的质量与天王星相比简直就是九牛一毛（事实上比九牛一毛还远远不如），即便真的撞上天王星，也万万不可能对后者的轨道产生任何可以察觉的变化。反过来说，倘若真有一个天体可以通过撞击天王星而显著改变其轨道，那么该天体的质量必定极其可观，那样的撞击若果真发生在 1771—1781 年间，绝对会是一个令人瞩目的天象奇观，又怎可能不留下任何直接的观测记录呢？因此，彗星撞击说从各方面讲都是一个很糟糕的假设。连这样糟糕的假设都被提了出来，天文学家们在天王星问题上的处境之绝望可见一斑。

更糟糕的是，即便在那样的处境下，天王星还是毫不手软地往天文学家们的伤口上撒了一把盐。自 1825 年起，天王星故伎重演，开始越来越明显地偏离波瓦德的轨道。几年之后，两者的偏差已经达到了令人绝对无法忍受的 30[角]秒。

"敌人"那姗姗来迟的回答终于被等到了，可惜却是一个那么残酷的回答。

_____

① 有的读者可能会觉得奇怪，天文学家们怎么每次碰到问题时，都会拿彗星说事？发现新行星时先说是彗星，不想让某个天体（比如智神星）成为行星时也说是彗星，现在又说天王星被彗星撞了腰。原因其实很简单，因为在那时候，天空中最常被观测到的不速之客就是彗星。

　　这时候天文学家们实已一败涂地，而且还败得极其难看，因为天王星早不出手晚不出手，偏偏是在天文学家们"臂"也断了，"血"也流了，还煞费苦心地为自己的断臂找了借口之后才出手。那情形，怎一个"惨"字得了？当然，到了这时候，人们也已经习惯了，失败早已不是新闻，天王星若是乖乖听话了反倒会成为新闻。

　　屡战屡败之下，天文学家们开始改换思路。

　　仔细想想，彗星撞击说虽然很失败，却也并非一无是处，起码在思路上，它尝试了用外力的介入来解释天王星的出轨之谜。沿着这样的思路，天文学家们又提出了另外一些假设，比如认为天王星的出轨是由某种星际介质的阻尼作用造成的。这种假设以前曾被用来解释某些彗星的轨道变化，但用它来解释天王星的出轨却面临一个致命的困难，那就是介质的阻尼作用只能阻碍天王星的运动，而绝不可能起到相反的作用。说白了，就是只能让天王星运动得更慢，而绝不可能相反。但不幸的是，天王星的运动却有时比理论计算的慢，有时却比理论计算的快，这样的偏差显然是不可能用介质的阻尼作用来解释的。

　　还有一种假设则认为天王星出轨是由一颗未知卫星的引力干扰造成的。这种假设也有一个致命的弱点，那就是如果真的存在那样的卫星，它的质量应该远比当时已知的两颗天王星卫星大得多，那么大的卫星为何一直未被发现呢？这是很难说得通的。更何况卫星绕行星运动的周期相对于行星的公转周期来说一般都很短（比如月球绕地球运动的周期只有地球公转周期的 1/12，对外行星来说这一比例通常更小），由此造成的行星轨道变化应该是短周期的，可是天王星出轨的方式却呈现长期的变化，这是卫星假设无法解释的，因此卫星假设也很快就脸朝下地躺倒了。

　　除这些假设外，有些天文学家还提出了另外一种可能性，那就是万有引力定律也许并不是严格的平方反比律，甚至有可能与物质的组成有关。这种可能性虽然很难被排除，但万有引力定律是一个"牵一发动全身"的东西，一旦被修正，所有天体的运动都将受到影响，其中也包括那些一直以来被解释得非常漂亮的其他行星及卫星的运动。要想对万有引力定律动手脚，让它解释天王星的出轨，同时却又不破坏其他行星的运动，无疑是极其困难的——如果不是完全不可能的话。而且单凭天王星的出轨就在天体力学祖师爷牛顿的万有引力定律头上动土，也似乎太小题大做了一点，因此这种假设的支持者寥寥无几。

就这样，从拉普拉斯、梅尚、菲克斯米尔纳、达兰伯利，到波瓦德，一次次的计算全都归于了失败；从彗星撞击说、介质阻尼说、未知卫星说，到引力修正说，一个个的假设全都陷入了困境。天王星出轨之谜的正解究竟在哪里呢？到了19世纪30年代末，天文学家们在盘点自己的"假设仓库"时发现那里只剩下了一张牌。这张牌是唯一一个没有倒下的假设，这个假设已是最后的希望，可这个希望的背后却是一道令人望而生畏的数学难题。

天王星出轨之谜的正解期待数学高手的横空出世！

10　数 学 难 题

这个硕果仅存的假设读者们想必已猜出来了,那就是在天王星轨道的外面还存在另一颗大行星,正是它的引力作用干扰了天王星的轨道,使它与天文学家们玩了将近半个世纪的捉迷藏。(请读者们定性地想一想,天王星之外存在新行星的假设为何能避免前面提到的介质阻尼说和未知卫星说所遭遇的困难?)在天王星之外存在新行星的猜测本身其实并不出奇。事实上,自天王星被发现之后,稍有想象力的人都可以很容易地想到这一点。不过,泛泛猜测一颗新行星的存在是一回事,将这种猜测与已知天体的运动联系起来,从而形成一种具有推理价值的假设,乃至于用这一假设来解决一个定量问题,则是另一回事。后者无疑要高明得多,困难得多,它的出现也因此要晚得多——直到1835年才正式出现。

1835 年的 11 月,著名的哈雷彗星经过了将近 76 年的长途跋涉,重新回到了近日点。天文爱好者和天文学家们共同迎来了一次盛况空前的天文观测热潮。就在万众争睹这个多数人一生只有一次机会能用肉眼看到的美丽彗星时,天文学家们却注意到了一个小小的细节:那就是哈雷彗星回到近日点的时间比预期的晚了一天。一个长达76年的漫长约会只晚了区区一天,算得上

是极度守时了，但天文学家们的敏锐目光并未放过这个细小的偏差。法国天文学家瓦尔兹（Benjamin Valz）和德国天文学家尼古拉（Friedrich Bernhard Nicolai）几乎同时提出了一个假设，那就是哈雷彗星的晚点有可能是受一颗位于天王星轨道之外的新行星的引力干扰所致①。由于当时天王星出轨之谜早已传得沸沸扬扬，瓦尔兹进一步猜测这颗未知行星有可能也是致使天王星出轨的肇事者，这便是天王星出轨之谜的新行星假设。

　　与那些一出道就遭遇致命困难的其他假设相比，新行星假设没有显著的缺陷，这个难能可贵的特点使它很快就脱颖而出。到了 1837 年，就连波瓦德也开始接受这一假设了。波瓦德的外甥在给英国皇家天文学家艾里（George Biddell Airy）的一封信中提到，他舅舅（即波瓦德）已开始相信天王星出轨的真正原因在于天王星之外的未知行星的干扰②。艾里当时是英国格林威治天文台的台长，他在我们后面的故事中将是一位重要人物。艾里对天王星出轨之谜也非常关注，他手头掌握着大量的观测数据，并且还撰写过有关这一问题的详尽报告。通过对天王星轨道

英国天文学家
艾里（1801—1892）

数据的细致分析，艾里发现了一个当时鲜为人知的问题，那就是计算所得的天王星位置不仅在角度上与观测数据存在着众所周知的偏差，而且在径向——即天王星与太阳的距离——上也与观测数据存在偏差。艾里认为这种偏差的存在表明理论计算本身还有缺陷，他把这看成是解决天王星出轨之谜的关键。至于新行星假设，艾里则很不以为然。

　　艾里对新行星假设的不以为然，以及他对天王星出轨症结的判断后来被

---

　　①　早在 1758 年，即天王星尚未被发现的时候，就有天文学家猜测像哈雷彗星这样有机会远离太阳的彗星，有可能受到遥远的未知行星的影响。不过那种猜测在当时并未得到任何具体数据的支持。

　　②　据艾里后来回忆，他甚至在 1834 年就曾收到过一位名叫赫西（Thomas Hussey）的英国业余天文学家的类似提议，不过那个提议没有明说未知天体是一颗行星。

证实是不正确的。他个人所持的这些观点虽不足以阻挡新行星假设快速流行的步伐，但由于他在英国天文学界举足轻重的地位，他的这种日益孤立的见解为后来英国在寻找新行星的竞争中落败埋下了种子。

新行星假设虽然受到了广泛关注，但要想证实这一假设却绝非易事。证实它的最直接的方法显然就是找到这颗未知的新行星，通过观测确定其轨道，然后再根据其轨道计算它对天王星的影响。如果这种影响恰好能够解释天王星的出轨，那么新行星假设就算得到了证实。

可问题是，究竟该到哪里去寻找这颗未知的新行星呢？它离太阳的距离比天王星还要遥远（如果提丢斯-波德定则有效的话，它离太阳的距离应该比天王星远一倍左右），因此一般预期其亮度要比天王星暗淡得多。另一方面，它的移动速度则要比天王星慢得多，因此不仅搜寻的难度大得多，而且判断其为行星也要困难得多。这样的搜寻听起来意义非凡，实际上却是一项风险很大的工作，很可能投入了巨大的人力、物力及时间，结果却换得竹篮子打水一场空。另一方面，当时各大天文台都有相当繁重的观测任务（其中有些虽号称是天文观测，其实却是"为国民经济保驾护航"一类的测绘及定位任务），既没有意愿也没有条件进行这种额外并且高风险的搜寻工作。

既然依靠观测这条路走不通，那么对新行星假设的判定就只能通过纯粹的数学计算来实现了。毫无疑问，这种执果求因的计算要比计算一颗已知行星对天王星的影响困难得多，因为新行星既然是未知的，它的质量、轨道半径、轨道形状、与天王星的相对角度等所有参数也就都是未知的。因此在计算时既要通过天王星出轨的方式来反推那些参数的数值（这是相当困难的数学问题），也需要对无法有效反推的参数数值进行尽可能合理的猜测，然后还得依据这些反推或猜测所得到的参数来计算新行星对天王星的影响，并通过计算结果与观测数据的对比来修正参数（这是相当繁重的数值计算，别忘了那时还没有计算机）。这种反推、猜测、计算、对比及修正的过程往往要反复进行很多次，才有可能得到比较可靠的结果。因此要求计算者既有丰富的天体力学知识，又有高超的计算能力，而且还要有过人的毅力、耐心和细致。

幸运的是，历史不仅给了天文学界这样的人物，而且很慷慨地一给就是两位。

11 星探出击

就在波瓦德向天王星轨道问题发起唐吉诃德式冲击的前一年,即 1819 年,一个小男孩降生在了英国康沃尔郡(Conwall)的一个农夫家庭,他被取名为约翰·亚当斯(John Couch Adams)。这个孩子很早就显露出超乎常人的数学计算能力。还在孩提时期,他就自学掌握了大量数学技巧。在 16 岁那年,他通过复杂的计算相当准确地预言了发生在当地的一次日食,震动了乡邻,也预示着他一生的追求。

1839 年,亚当斯进入剑桥大学的圣约翰学院深造。两年后的一个夏日,他在一家书店里看到了艾里有关天王星问题的报告。那时候,观测数据与波瓦德轨道的偏差已达到了创纪录的 70[角]秒,天王星出轨之谜比以往任何时候都更尖锐。已有

英国天文学家
亚当斯(1819—1892)

18 年历史的波瓦德轨道虽已千疮百孔,却仍像幽灵一般浮现在天文学家们的眼前,刺痛着他们。但这一切对于年轻的亚当斯却是一个巨大的机会。对一位 16 岁就能预言日食的年轻数学高手来说,有什么能比与天王星出轨之谜这

样的绝世难题同处一个时代更令人兴奋呢？亚当斯立即就被这一问题深深地吸引住了。

不过，吸引归吸引，年轻的亚当斯还不能马上就投入到这个问题中去。为了替自己今后从事真正的学术研究创造尽可能有利的条件，他必须首先完成剑桥大学的学业，为两年后将要到来的毕业考试做好准备。这些虽不是他的终极兴趣，却对他最长远的学术前途有着至关重要的影响。现实人生往往就是如此，你想做一件事，生活却用这样或那样的事情来牵制你的兴趣。不过处置得宜的话，这种牵制未必会成为羁绊。亚当斯的努力没有白费，1843 年，他以最优异的成绩通过了毕业考试，据说他的数学成绩竟比第二名高出一倍以上。几星期后，他又获得了剑桥大学的最高数学奖——史密斯奖，并如愿以偿地成为了圣约翰学院的研究员（fellow）。

1843 年的最后几个月，亚当斯的生活甚至比考试前还要繁忙。放在他面前的是三重任务：一是对天王星轨道进行研究，这是他的梦想和兴趣，他终于可以追逐自己的梦想了，但在时间上却必须与其他任务共享；二是要完成圣约翰学院的教学任务，这是生存的需要；三是替剑桥天文台的台长查利斯（James Challis）计算一颗彗星的轨道，这是他与剑桥学术界的正式交流，同时也是一次很好的热身，因为这一计算要求考虑木星对彗星的引力干扰，而天王星出轨之谜的关键也正在于其他行星的引力干扰，两者不无相似之处（当然后者要困难得多）。亚当斯有关彗星的计算发表于 1844 年初，他的结果与一位法国天文学家的计算吻合得很好，这一点很让他高兴。但他也许做梦也不会想到，自己与那位法国天文学家的命运在未来几年里竟会交织出那么多的故事和风波。

那位法国天文学家的名字叫做勒维耶（Urbain Le Verrier），他出生在法国的诺曼底，比亚当斯大 8 岁。他正是历史带给天文学界的另一位数学

法国天文学家
勒维耶（1811—1877）

高手!

与完成彗星轨道的计算几乎同时,亚当斯也完成了对天王星轨道的初步分析。他首先仔细检查了波瓦德的计算,发现并纠正了一些错误,但这些小打小闹并不足以挽救波瓦德的轨道。在确信波瓦德轨道已经无可救药之后,亚当斯正式采纳了新行星假设。那颗神秘的新行星究竟在哪里呢?亚当斯开始了用纸和笔寻找答案的艰难历程。作为计算的起点,他假定新行星在提丢斯-波德定则所预言的距太阳 38.8 天文单位的椭圆轨道上运动。他的初步评估得到了令人振奋的结果:新行星对天王星的影响看来的确可以解释天王星的出轨之谜。但为了得到可靠的结果,亚当斯需要更多的数据,于是他向自己刚刚帮助计算过彗星轨道的查利斯求援。

英国天文学家
查利斯（1803—1882）

查利斯在我们后面的故事中也是一位重要人物,他当时很够意思,立即就写信向艾里索要数据。艾里我们已在上章中提到过,他是当时格林威治天文台的台长,在英国天文学界算得上是重量级的人物。之前,他也曾担任过剑桥天文台的台长,因而是查利斯的前任。如我们在上章中所说,艾里很关心天王星出轨之谜,手头也有最新的观测数据,但他对新行星假设并不看好。艾里工作一丝不苟,但为人古板,缺乏想象力。在他管束下的格林威治天文台台规森严、条框众多。这一切对后来故事的发展有着不可忽视的影响。亚当斯通过查利斯向艾里索要数据,也许是他与艾里之间第一次打交道。这次交道虽然间接,但却非常顺利,艾里立刻就寄来了数据。可惜这也是接下来两年半的关键时间里亚当斯与艾里之间唯一一次顺利的交道。

拿到了数据,亚当斯立刻就投入到了更精密的计算之中。不过,学院的教学任务与彗星计算还是从他那里夺走了一部分时间。1844 年秋天,查利斯又让亚当斯帮他计算一颗彗星的轨道——那是一颗新发现的彗星。那时亚当斯对此类计算早已轻车熟路,秋叶尚未落尽,他的计算结果就出来了。但出人意料的是,亚当斯如此麻利的计算竟然还是慢了一步,一个已不再陌生的法国名字抢在了他的前面：勒维耶。

但亚当斯此刻已无暇品味自己与这位法国同行在研究课题上二度撞车的深刻寓意了,他的精力越来越多地投入到了推测未知行星轨道的计算之中。如我们在上章所说,这是一项极其复杂的计算。如果说扎克和他那些试图围捕小行星的朋友是天空警察,那么亚当斯就应该算是星探,当然不是寻找演艺明星的星探,而是星空侦探,他要做的是通过"罪犯"在"犯罪现场",即天王星轨道留下的蛛丝马迹,来推断其行踪。

亚当斯从 1780 年到 1840 这 60 年的现代观测数据(其中很多是艾里提供的)中以每三年为一个间隔整理出了 21 组数据。他分别计算了这 21 组数据与波瓦德轨道的偏差,并与新行星产生的影响进行比较及拟合。由于新行星的轨道参数中除用提丢斯-波德定则确定的半长径外,其余全都是未知的,他需要通过不断调整参数来寻求最佳的拟合效果。在计算中他还采用了高斯计算谷神星轨道时所用的误差控制方法。考虑到当时的计算主要依靠手算[1],这实在是一件令人望而生畏的工作。亚当斯以惊人的专注和毅力进行着计算——这也是他一贯的风格。他的兄弟乔治(George Adams)曾有一段时间陪伴他熬夜,帮他验证一些计算结果。在乔治撰写的回忆中,他提到有很多次当他实在熬不下去时,想让亚当斯去睡觉(那样他自己也可以休息),亚当斯总是说：再等一会儿。而那"一会儿"却总是无穷无尽般的漫长。在亚当斯沉醉于计算的那些日子里,他几乎神游物外,甚至在与乔治一起散步时都需要后者提醒他避开障碍物。经过这样没日没夜的努力,当下一个秋天来临时,1845 年9 月,亚当斯的计算终于有了结果。

---

[1]   当然,对数表等数学表格对部分计算可以起到辅助作用。

12 三访艾里

按照亚当斯的推算,新行星的质量约为天王星的 3 倍,运动轨道则是一个半长径为 38.4 天文单位(比一开始假定的 38.8 天文单位略小)的椭圆轨道。在这样一颗新行星的影响下,亚当斯将天王星的出轨幅度由原先的几十[角]秒压缩到了 1～2[角]秒,并预言了新行星 1845 年 10 月 1 日将在天空中出现的位置。由于亚当斯在计算中只用到了现代数据,因此一个很自然、并且也很重要的问题是:他的计算是否也可以解释历史记录? 为此,亚当斯进行了验证,结果发现答案是肯定的。历史记录与现代数据的跷跷板第一次被摆平了,这在很大程度上印证了计算结果的可靠性,也间接印证了新行星假设的合理性。

亚当斯这些繁复计算的完成,在时间上与他为预测新行星位置所选的 1845 年 10 月 1 日这一日子已相距不远。如果他能像当年的赫歇耳那样拥有一流的望远镜,且精于观测的话,完全有可能通过几周甚至——如果运气好的话——几个夜晚的观测,就能亲自发现那颗新行星,因为他所预测的位置距离

新行星当时在天空中的实际位置只相差了不到两度①。可惜亚当斯并没有那样的条件，于是他将自己的计算结果告诉查利斯，再次寻求后者的帮助。

查利斯也再次表现出了够意思，只不过他的"意思"似乎总也离不开书信。他接到亚当斯的请求后，于 9 月 22 日替亚当斯写了一封推荐信，让他面呈给艾里。查利斯在信中称亚当斯的计算是可以信赖的。但令人困惑的是，查利斯身为剑桥天文台的台长，自己就拥有搜索新行星所需的一切技术条件，却为何要舍近求远地把亚当斯推荐给艾里呢？而且他作为年长者，居然没有建议亚当斯正式发表那些"可以信赖的"的计算结果，这又是为什么呢？对此，一个可能的解释是查利斯其实并未真正相信亚当斯的结果。亚当斯的能力虽然已经通过替他计算彗星轨道而不止一次地得到了显现，但那些计算的难度与通过天王星轨道来反推一颗未知行星的行踪相比，无疑还相差很远。不管是出于什么原因，查利斯这位堪称当时全英国最了解亚当斯的天文学家，在这个至关重要的历史节骨眼上没有选择直接的帮助和参与，这是他与发现新行星的机会第一次擦肩而过。

9 月底，亚当斯带着查利斯的推荐信来到格林威治天文台（图 7）拜访艾里。这是他第一次拜访艾里，可惜艾里当时正在法国开会，让他扑了个空。出师不利的亚当斯只得留下查利斯的推荐信无功而返。艾里回到天文台后看到了查利斯的推荐信，他很快就给查利斯回了信，对错过与亚当斯的会面感到遗憾，并礼貌地表示对亚当斯的工作很感兴趣，欢迎他与自己建立通信联络。亚当斯得知这一消息后决定再次访问艾里。

1845 年 10 月 21 日下午 3 点左右，亚当斯再次来到了格林威治天文台②。不巧的是，艾里居然又不在。不过这次他只是暂时外出，于是亚当斯向艾里的

---

① 需要提醒读者的是，这一偏差是指计算位置与实际位置的偏差，而非计算误差。（请读者想一想，这两者的差别是什么？）后来有人对这一数据，乃至英国方面的整个故事都提出了质疑，对此我们将在后文中加以介绍。

② 据说人们并未在当时遗留的日记、信件等文字记录中找到亚当斯第二次访问艾里的确切日期，因此 10 月 21 日这个日期是后人的推断。

图 7　格林威治天文台

管家表示自己过一会儿再来，并留下了一张一页纸的计算结果。亚当斯在附近溜达了大约一个小时后重新来到了艾里家。不幸的是，不知是由于管家的疏失还是其他什么原因，艾里似乎并未收到亚当斯的"拜山帖"，也不知道他会返回。因此当亚当斯第三次登门拜访时，被告知艾里正在吃午饭，不见客人①。因为吃午饭就不见客人，这听起来似乎有些无理，其实在英国这样一个礼仪森严的国家里却不足为奇，尤其是艾里乃是天文界的资深前辈，而亚当斯只是一位初出茅庐的年轻人，艾里在吃饭时不见亚当斯并不算出格。但尽管礼仪如此，连吃三次闭门羹还是让亚当斯失去了耐心，他没等艾里吃完午饭就返回了剑桥。

　　回到剑桥后，亚当斯把寻求观测支持的事搁到了一旁，他决定进一步改进自己的计算。在他第一轮的计算中，曾将未知行星的轨道半长径假设为 38.8 天文单位，这是提丢斯-波德定则的预言。但提丢斯-波德定则虽已接连被天王星和小行星带的发现所支持，却终究没什么理论基础，因此亚当斯对建立在提丢斯-波德定则基础上的轨道半长径假设并不满意。在新一轮的计算中，他

①　关于这一点，艾里夫人曾留下过两个不同版本的书面说法，后人据此认为有关艾里一家当时正在吃午饭的传言未必确凿。由于艾里一家当时正在做什么对整个事件的发展并无特殊重要性，因此本文不予细究，这里提一下只是为了告诉读者史学界对这一细节存有不同看法。

决定放弃这一假设，而尝试一个稍小一点的轨道半长径：37.3 天文单位。

另一方面，艾里最终还是看到了亚当斯留下的那一页计算结果。两个星期之后，即 11 月 5 日，他给亚当斯回了一封信。在回信中，艾里与亚当斯一样，也质疑了提丢斯-波德定则的有效性，但他同时还提出了另外一个问题：那就是如何解释天王星出轨之谜中的径向偏差。我们在第 10 章中曾经介绍过，天王星轨道的径向偏差在艾里眼中是很重要的问题，他甚至认为这很可能就是解决天王星出轨问题的关键。由于他的这一看法并未得到其他天文学家的重视，因此艾里一有机会就要重提这一问题，对亚当斯自然也不例外。

但这回却轮到艾里吃闭门羹了，因为亚当斯并未对艾里姗姗来迟的信件作出回复。亚当斯的沉默落在艾里眼中无疑变成了一个信号，让他以为自己的问题已击中对方的要害，两人的联系就此中断。

那么，亚当斯为什么不回复艾里的信件呢？据他后来在一封为此事而向艾里表示歉意的信中所说，那是因为他并未意识到艾里对这一问题如此看重。很多年后，他在给一位朋友的信中则表示，他当时觉得艾里的问题太过简单，因此没有及时回复。不过亚当斯的这些解释颇有避重就轻之嫌，其可信度是值得怀疑的。艾里怎么说也是前辈，哪怕他真的提了一个太简单或不重要的问题，甚至我们把亚当斯对前不久的闭门羹一事还耿耿于怀的可能性也考虑在内，作为后辈的他似乎也没有理由用不回信这样失礼的方式来处理。这样的事情别说在英国，即便在礼仪相对宽松的其他国家，恐怕也是不合情理的。

如果亚当斯自己所说的原因不合情理，那么真正的原因会是什么呢？从逻辑上讲，最有可能的答案恐怕就是：他是因为无法及时对艾里的问题作出明确回答，才没有回复的。这一点后来得到了一些史料的佐证，因为人们在亚当斯残存的笔记中发现他曾试图解决艾里的问题。这与他在上述信件中所说的并未意识到艾里对这一问题的看重，以及认为艾里的问题太过简单显然是有些自相矛盾的。

但无论出于什么原因，忽视也好、为难也罢，甚或只是纯粹的偶然，亚当

斯与艾里三番两次无法建立有效的联系，无论对他们两人，还是对整个英国
天文学界都是一个极大的遗憾。就在机遇从亚当斯、查利斯和艾里的指缝
间一次次遗落的时候，一位法国天文学家把自己的目光投向了天王星的出
轨问题。

这已是此人第三次与亚当斯在相同的问题上相遇。

13 殊途同归

这位法国天文学家的名字大家一定猜出来了。是的,他就是两次在彗星轨道计算中与亚当斯不期而遇的勒维耶。勒维耶有着与亚当斯同样杰出的数学技能,不过他的天文之路却略显曲折。1830 年,初出茅庐的勒维耶在报考法国第一流的理工学校巴黎综合理工学院(Ecole Polytechnique)的竞争中不幸落败。由于勒维耶在当地学校的成绩一向十分优异,他父亲将失败的原因归咎于当地整体教育水平的低下。望子成龙的他毅然变卖了房产,将勒维耶送到巴黎复习备考。第二年,脱离了山沟沟的勒维耶终于变成了金凤凰,不负众望地进入了巴黎综合理工学院。

与亚当斯一样,勒维耶以最优异的成绩通过了学校的毕业考试。不过毕业后的勒维耶却一度进入了与天文学风马牛不相及的政府烟草部门,并跟随化学家盖-吕萨克(Joseph Louis Gay-Lussac)从事过一些化学方面的研究①。1837 年,当巴黎综合理工学院的一个天文学教职出现空缺时,盖-吕萨克建议

---

① 盖-吕萨克在化学方面有不少贡献,比如我们在中学化学课上接触过的气体化合体积定律,即盖-吕萨克定律,就是以他的名字命名的。

并推荐勒维耶获得了这一教职。虽然对导师建议的转行感到意外，但勒维耶很快就发现天文学是一个可以充分展现自己数学才华的迷人领域。转行天文后的勒维耶主要从事天体轨道的计算与分析。短短几年间，他便在该领域树立起了自己的名声。

勒维耶的理论研究有着鲜明的系统性，这一点与当年赫歇耳的观测工作颇有异曲同工之处。自 1840 年以来，勒维耶对太阳系天体的运动做了近乎地毯式的研究，先后考察了水星、金星、地球、火星、木星、土星及若干彗星的运动。1845 年秋天，在巴黎天文台台长阿拉果（François Arago）的提议下，他将注意力转向了当时已知的最后一个行星：天王星。

与亚当斯一样，初涉天王星问题的勒维耶也对波瓦德轨道进行了细致分析，也发现并纠正了一些错误，他的结论也和亚当斯一样，那就是波瓦德轨道已经无可救药了——仅凭木星和土星的影响是无论如何也摆不平天王星轨道的。接下来，勒维耶又近乎地毯式地逐一分析了我们在第 9 章中介绍过的几种试图解决天王星出轨之谜的假设，并将它们一一排除。这样，他顺理成章地将注意力转向了当时已知的最后一个假设：新行星假设，并且与亚当斯一样，走上了用纸和笔寻找新行星的艰难之旅。

作为计算的出发点，勒维耶也采用了提丢斯-波德定则，把新行星的轨道半径假定为 38.8 天文单位（在计算过程中微调为 38.4 天文单位，与亚当斯第一次计算的结果相同）。不过与亚当斯所用的椭圆轨道不同的是，他假定新行星的轨道为圆形。为了确定新行星在轨道上的位置，他将轨道按角度均匀地分割成了 40 个区段，每段 9°（因为整个圆周有 360°）。显然，在任何一个选定的时刻——勒维耶将之选为 1800 年 1 月 1 日——新行星必定位于这 40 个区段中的某一个区段内。那么它究竟位于哪一个区段呢？勒维耶再次发挥了自己的系统风格，他逐一考察了新行星在选定时刻位于 40 个区段中的任何一个区段内所能对天王星轨道产生的影响。通过极其繁复的计算、对比和排除，到了 1846 年 5 月底，勒维耶终于找到了能够使天王星轨道最接近观测结果的那个区段。在此基础上，他预言了 1847 年 1 月 1 日新行星所处的位置。

勒维耶的计算结果与亚当斯的相当接近。英吉利海峡两边的这两位数学高手的智慧之剑指向了同一个天区，只不过当时勒维耶和亚当斯谁也不知道对方的工作。

与亚当斯不同的是，勒维耶公开发表了自己的计算，从而引起了一定程度的关注，因为那时天王星出轨之谜已经困扰天文学家们达半个世纪之久，新行星假设成为解决这一谜团的主流假设也已有差不多十个年头，这还是第一次有人计算出新行星的确切位置（亚当斯的结果因为没有发表，除查利斯和艾里外，尚处于无人知晓的状态）。1846 年 6 月下旬，勒维耶的论文抵达了艾里所在的格林威治天文台。

如果说其他天文学家对勒维耶结果的关注在很大程度上是出于新奇，那么对艾里来说，勒维耶的结果则带来了一定的震动，因为这一结果与他大半年前曾经见过的亚当斯的结果相当接近①。亚当斯在当时还是一个藉藉无名的年轻人，而勒维耶已有一定的知名度，艾里也许可以忽略亚当斯，但对勒维耶的结果却不能等闲视之。更重要的是，在这么困难的问题上，两个人同时算错并非不可能，但错得如此接近却令人难以置信。因此，这时的艾里对亚当斯和勒维耶的结果已不得不刮目相看，他甚至向包括小赫歇耳（John Herschel，发现天王星的老赫歇耳的儿子）在内的几位朋友及同事提及了这两人的计算彼此接近，以及在近期内借助计算结果发现新行星的可能性。

不过，要让艾里信服勒维耶的计算还必须解决他心头的一个老大难问题，那就是他当年曾问过亚当斯，却未得到回答的那个天王星轨道的径向偏差问题。这一问题依然盘亘在艾里的脑海里，于是他写信给勒维耶，询问他的计算能否解决这一问题。1846 年 7 月 1 日，艾里从勒维耶的回信中得到了非常肯定的答复。这下艾里终于信服了。即便如此，他却并未采取立即行动。从我

---

① 如果将他们的计算统一折算成平均日面经度（mean helio longitude）的话，那么亚当斯的结果是 1845 年 10 月 1 日新行星位于经度 323.5°；勒维耶的结果则是 1847 年 1 月 1 日新行星位于经度 325°。

们这个史话的角度看,艾里此时的迟钝是一件非常奇怪的事情,但我们不能忘记,在这位皇家天文学家的日程中本就有太多的事情需要他去关注,虽然那些事情的重要性在事后看来与他错过的事情相比根本就不值一提。幸运的是,艾里早年的一位数学老师在关键时候击碎了他的迟钝。7月6日,艾里与这位名叫皮考克(George Peacock)的数学教授谈及了天王星出轨问题及亚当斯和勒维耶的计算。老教授对艾里的迟钝大为惊讶,敦促他立即采取行动。

三天后,艾里终于采取了行动。

而这时候,勒维耶在做什么呢? 他和亚当斯一样,投入到了新一轮的精密计算之中。在这一轮的计算中,他决定放弃前一轮计算所采用的两个不太令人满意的假设:其中一个是提丢斯-波德定则,勒维耶和亚当斯一样,认为这是一个没有足够理论基础的假设;另一个则是圆轨道假设,这无疑是一个过于特殊的假设。放弃这两个假设后,勒维耶将新行星的轨道调整为了半长径为36.2天文单位的椭圆轨道。

勒维耶对新计算的沉醉,在无意间为艾里及英国天文学界创造了一个难得的机会。因为一方面,沉醉于计算的勒维耶把寻求观测支持的事情搁到了一边;另一方面,勒维耶进行新计算这一消息本身在一定程度上降低了欧洲大陆的天文学家们对他前一轮计算的重视程度。这样的局面对于艾里以及他的少数英国同事来说无疑是非常有利的,因为只有他们知道亚当斯的结果,从而也只有他们才知道勒维耶的计算并非孤立结果。一个复杂的计算,它是孤立结果还是得到过独立来源的佐证,其可信度是截然不同的。英国人曾将亚当斯提供的先机轻轻葬送,但此刻的他们趁着欧洲大陆的天文学家们对勒维耶的计算将信将疑,心存观望之际,提前洞悉了这一结果的可信度,并决定展开行动,这无疑是再次将先机揽到了自己身旁①。

那么,英国绅士们能够把握住这稍纵即逝的先机吗?

---

① 严格地讲,欧洲天文学界并非铁板一块,在欧洲的某些地方曾有过一些零星的观测。

14　剑桥梦碎

　　如果要在格林威治天文台的历任台长中评选几位从事天文观测最少的台长,艾里无疑会名列前茅。自从 1835 年出任台长以来,8 年的时间里,艾里参与过的观测仅占同期天文台观测总数的 0.2%。即便在发现新行星的荣誉有可能唾手而得的时候,艾里仍没有打算亲自参与观测。他更感兴趣的问题倒是让谁来摘取这一荣誉。结果他选择了剑桥天文台,那是他就任格林威治天文台台长之前任职过的地方,那里有他亲自督建的高品质的诺森伯兰望远镜(Northumberland telescope)①(图 8)。而且,亚当斯、艾里自己以及剑桥天文台的现任台长查利斯都是剑桥的毕业生,让剑桥天文台成为新行星的发现地,无疑可以演绎一出最完美的"剑桥天文故事"。

　　不过平心而论,要说艾里选择剑桥天文台而非自己所在的格林威治天文台是纯粹的心血来潮或浪漫胸怀,却也并非实情。事实上,格林威治天文台的名头虽大,可是由于承担了太多时间及经纬方面的测定任务,它所拥有的望远

　　① 该望远镜是一位诺森伯兰公爵(Duke of Northumberland)于 1833 年捐助的,故而得名。

图 8　安放诺森伯兰望远镜的圆屋顶

镜已经按这些特殊任务的需要进行了改动,比方说它的方向已被固定在了特定的子午线(即经线)上,以便能精确测定日月星辰穿越子午线的时间,而且它的放大倍率也比不上剑桥天文台的望远镜(格林威治天文台的望远镜口径只有 6.7 英寸,而剑桥的诺森伯兰望远镜的口径达 11.75 英寸)。这些都使得格林威治天文台已变得不再适合行星搜索工作了。因此艾里的选择也可以说是形势使然。

　　主意既定,艾里便于 1846 年 7 月 9 日写信给查利斯,叙述了剑桥天文台搜索新行星的有利条件,然后请他展开搜索。艾里表示,如果查利斯本人没有时间的话,他可以从格林威治天文台抽调一位助理予以协助。但艾里的信发出之后却变成了泥牛入海,查利斯并未及时回复。等了四天没有回信,艾里终于着急了,他再次写信给查利斯,提醒他寻找新行星的重要性应当凌驾于任何不会因推延而失效的其他工作之上。

　　查利斯居然还是没回信。

　　原来艾里的这位继任者当时并不在剑桥,而是在度假。当年的天文学家既没有电话也没有电子邮件,更没有个人博客可以随时向外界展示自己的行踪。艾里对查利斯度假的消息一无所知,白白着了一场急。7 月 18 日,查利斯终于回到了剑桥天文台,他立刻给艾里回了信,表示将尽快展开观测。艾里随即给查利斯提供了一个以勒维耶和亚当斯的计算结果为中心，东西范围30°，南北范围 10°的区域作为搜索范围。

但查利斯在动作迟缓方面并不比他的前任艾里先前的拖拉来得逊色，他的"尽快"足足经过了十天的时间才付诸实施。在那期间，他向亚当斯提及了自己将要搜索新行星的消息。此时亚当斯的新一轮计算已接近完成，他向查利斯提供了一些新的数据①。这时距离艾里收到勒维耶的回信已相隔近一个月，所幸欧洲大陆的情势并无实质变化，勒维耶的新一轮计算仍未结束，欧洲大陆的各主要天文台也仍无动于衷。

7 月 29 日晚，查利斯的搜索行动正式展开。英国天文界的成败在此一举。

按照后来查利斯向艾里及英国报刊提供的叙述，在搜索中，他首先以亚当斯提供的位置为中心，观测了宽度为9[角]分(1[角]分等于 1/60 度)的区域中所有视星等在 11 以上的天体。几天之后他的观测因天气而受阻。8 月12 日天气转好，查利斯对 7 月 30 日曾经观测过的天区进行了复测。然后他开始对比 7 月 30 日的观测结果与 8 月12 日的复测结果。这种对比是搜索行星的标准手段，如果在对比中发现任何一个天体的位置发生了变化，那么这个天体就有可能是查利斯所要寻找的新行星。一组、两组、三组……查利斯一连对比了 39 组数据，全都匹配得完美无缺，这表明那些都不是他要寻找的新行星。虽然还剩下一些数据尚未对比，但查利斯觉得这一天的对比不会有什么收获了。他想起自己手头还有一些彗星数据需要处理，于是便提前终止了对比工作。

这一决定酿成了查利斯一生最大的遗憾，也彻底葬送了艾里梦想的"剑桥天文故事"。

———————

① 关于亚当斯向查利斯提供的究竟是什么数据，后来有人提出了质疑。质疑者认为亚当斯当时提供的其实是勒维耶第一轮计算的结果。如果那样的话，那些数据与亚当斯当时即将完成的计算应该没什么关系。

　　查利斯完全没有想到，在这场无形的竞争中，就在他迎来长久阴霾之后的第一个好天气时，幸运女神又一次——也是最后一次——将垂青的目光投到了英国人的头上。新行星的数据此刻就静静地躺在他 8 月 12 日的复测记录中。那一天，查利斯只要再多对比 10 组数据，就会发现 8 月 12 日所记录的第 49 个天体——一颗蓝色的 8 等星——在 7 月 30 日的记录中是不存在的。这说明那个天体 7 月 30 日还不在他所观测的天区中，8 月 12 日却进入了该区域，那是一个移动的天体，那个移动的天体正是艾里要他寻找的新行星！

　　一招失误，满盘皆输。

　　在 8 月份余下的日子里，查利斯继续对附近的天区进行搜索，结果一无所获。9 月初，他放弃了搜索。

15 欲迎还拒

查利斯的失败,宣告了英国人在这场几度领先的无形竞争中丧尽先机,黯然出局。虽然此刻他们还不清楚自己究竟失去了什么,但历史的风标已无可阻挡地偏向了后来居上的欧洲大陆。

就在查利斯终止新行星搜索之前不久,1846 年 8 月底,勒维耶完成了他的新一轮计算。那时候,他在整个计算中用去的稿纸数量已经超过了 10 000 页。勒维耶的新结果与原先的结果相当接近(偏差只有 1.5°),这是一个好兆头,它表明勒维耶的计算方法很可能具有良好的稳定性。按照勒维耶的计算,虽然新行星的轨道半径比天王星大了将近一倍,但由于其质量也比天王星大得多,因此亮度依然可观。勒维耶很清楚,再好的计算若是离开了观测的验证,也只能是空中楼阁。他已经用了一年的时间来构建这座宏伟的楼阁,现在是该让一切落地生根的时候了。于是他开始尽其所能地劝说天文学家们对新行星展开搜索。

而此时的英国几乎只剩下一个人还在为新行星的命运做最后的奔走,他就是亚当斯。比勒维耶晚了几天,亚当斯也完成了自己的新计算。只不过,勒维耶循正常而公开的学术渠道发表了自己的所有计算,而亚当斯却仍在继续那种曾让自己一再碰壁的私下交流。9 月 2 日，他给艾里写了一封信，一来通报自己的第二轮计算结果，二来则答复一年前艾里在信中问起过的天王星轨道径向偏差问题(这封信从一个侧面说明亚当斯当年对径向偏差问题的沉默，并非是因为没有意识到艾里对这一问题的看重，或觉得该问题太简单)。可惜的是，亚当斯和艾里的每一次重要交往似乎都注定要以失败告终。亚当斯的信件抵达格林威治天文台时，艾里又出了远门。不过这回亚当斯多少也学了一点乖，不再把宝完全押在艾里一个人身上了，他决定赶往英国科学进步协会(British Association for the Advancement of Science)在南安普敦(Southampton)的一次会议，以便报告自己的结果。

可人要是背了运，喝凉水都会塞牙。

当亚当斯赶到南安普敦时，天文方面的会议早已结束。错过了会期的亚当斯只能郁闷地再次将自己埋首于计算之中，他将新行星的轨道半径进一步缩小为 34.4 天文单位，开始了自己的第三轮轨道计算。

另一方面，勒维耶的命运虽然比亚当斯顺利，除了艾里等少数人外，不仅整个欧洲都将他视为新行星位置的唯一预言者，他的工作甚至还远隔重洋传到了美国。自 8 月份以来，勒维耶预言新行星位置的消息更是越出了学术界的范围，得到了媒体的宣传。可当他试图说服各大天文台将那些溢美之词，以及对新行星的期盼之意转变为货真价实的搜索行动时，却遭遇了意想不到的困难。各天文学台的"老总"们虽毫不掩饰对他结果的极大兴趣，以及对他水平的高度赞许，可一涉及动用自己手下的人力和设备进行新行星搜索时，却一个个支支吾吾、推三阻四起来。甚至连他的本国同行也不例外，一年前亲自敦促他研究天王星出轨问题的巴黎天文台台长阿拉果只进行了极短时间的搜索就放弃了。

读者也许觉得奇怪，发现新行星是何等的美事？各大天文台应该争先恐后，抢破脑袋才是，怎么反倒你推我让，欲迎还拒呢？难不成是"老总"们突击学习了"孔融让梨"的先进事迹？各大天文台之所以会有这样奇怪的反应，主要有两大原因：第一是信心不足。谁都知道发现新行星意味着巨大的荣誉，但同时也都知道寻找新行星是一件很困难的事情。虽说此次的情况有所不同，勒维耶已经计算出了新行星的位置，而且轰传天下。可这计算新行星位置的壮举，乃是前所未闻的故事，天文学家们心里究竟信了几成，恐怕只有他们自己才清楚。溢美之词是廉价的，观测时间却是无价的，该不该用无价的时间去验证廉价的评语，这是让"老总"们不无踌躇的事情。

第二个原因则是制度死板。当时各大天文台都有繁重的观测任务，也都有比较死板的规章制度，对观测日程做哪怕细微的变更都不太容易，要想凭空插入一个耗时未知，结果莫测的行星搜索计划更是难上加难。格林威治天文台甚至还有过观测助理因擅自寻找新行星而受到艾里惩罚的事情。因此即便像查利斯那样既得到艾里的嘱托，又有台长的权力，并且因知晓亚当斯与勒维耶的双重结果而具备信心优势的人，也只愿花费很有限的时间和精力进行观测，且还心猿意马、草率从事，以至于功败垂成。而艾里本人把观测任务交给剑桥天文台，虽有演绎剑桥故事的美好心愿及其他客观原因，但心底里——据后人分析——也是不想打乱格林威治天文台的正常工作。

16 生日之夜

　　一次次客气的回绝让勒维耶很是沮丧,他搜肠刮肚地寻找关系,试图找到一个突破口。这时他忽然想起了自己曾经认识过的一位柏林天文台的天文学家,此人名叫伽勒(Johann Gottfried Galle),是柏林天文台台长恩克(Johann Franz Encke)的助理。说起来,勒维耶与伽勒的关系其实疏远得很,唯一值得一提的联系是一年前伽勒曾给勒维耶寄过一份自己的博士论文。而忙于计算的勒维耶甚至连封感谢信都没有回。真所谓此一时彼一时也,若非如今这档子事,勒维耶这辈子能否想得起伽勒来都是个问题,而此刻勒维耶一想到伽勒就觉得亲切无比,犹如看到了救命

德国天文学家伽勒
(1812—1910)

稻草。1846 年 9 月18 日,勒维耶给伽勒写了一封信,将伽勒一年前的博士论文狠狠地夸奖了一通,然后笔锋一转,谈到了自己预言的新行星位置,他希望伽勒能帮助寻找这颗行星。

　　9 月 23 日,勒维耶的信送到了伽勒手中。

　　虽然被冷落了一年，能够收到当时已颇有名气的勒维耶的来信（而且还是满含赞许的来信），伽勒还是感到非常兴奋，并且他也被勒维耶的预言深深吸引了。勒维耶的信终于落到了能被它打动的人手里，不过更妙的则是这封信的抵达时间：9 月 23 日，这一天正好是伽勒的老板恩克台长的 55 岁生日。伽勒虽是柏林天文台的资深成员，但按规矩却没有擅自使用天文台的望远镜进行计划外观测的权力，他想要观测新行星，必须得到台长恩克的允许。

　　恩克作为台长，消息自然是灵通的，他早就知道勒维耶预言新行星的事，但和其他天文台的台长一样，他对此事也一直采取了旁观的态度。换作平时，伽勒的要求可不是那么容易过关的。不过人在生日的时候心情通常比较愉快，而且那天晚上同事们早已约定在恩克家中庆祝他的生日，并无使用望远镜的计划，因此在伽勒的软磨硬泡之下，恩克终于答应给对方一个晚上的时间进行观测。

德国天文学家达雷斯特
（1822—1875）

　　拿到了尚方宝剑，伽勒拔腿就往观测台走。这时一位年轻人叫住了他。此人名叫达雷斯特（Heinrich Louis d'Arrest），当时还是柏林天文台的一位学生，他碰巧旁听到了伽勒与恩克的谈话。达雷斯特请求伽勒允许自己也参加观测。由于天文观测不仅是观测，而且还需要进行数据的记录与比对，有助手参与显然是非常有利的，于是伽勒答应了达雷斯特的请求，两人一同前往观测台。

　　我们在第 4 章中曾经介绍过，发现行星的主要途径有两种：一种是通过行星的运动（比如小行星的发现），另一种则是通过行星的圆面（比如赫歇耳发现天王星）。由于通过运动发现行星通常需要对不同夜晚的观测数据进行对比，而恩克只给了他们一个夜晚的时间，因此伽勒和达雷斯特将希望寄托在了观测新行星的圆面上。他们将望远镜指向了勒维耶预言的位置，以那里为中心展开了观测。

　　那个夜晚秋高气爽，万里无云，是进行天文观测的绝佳天气。但天气虽然帮忙,运气却似乎并不垂青于他们。时间一分一秒地过去,他们并未发现任何显示出圆面的天体。夜色越来越浓,希望却越来越淡,难道勒维耶的预言错了?又或是预言没错,但误差太大,从而新行星离预言的位置太远?如果是这样,他们就必须扩大搜索范围,而这显然不是短短一个夜晚就能搞定的。

百般无奈之下,达雷斯特提议了一个方法:他们虽然只有一个夜晚的观测时间,从而不可能通过对自己的数据进行对比来发现新行星的运动,但他们搜索的这片天区以前也有人观测过(虽然目的各不相同)。如果他们刚才观测过的天体中有一颗是行星,那么在人们以前绘制的星图上,它显然不会处在同样的位置,甚至应该完全不在同一片天区里,因为以前绘制的星图与他们自己的观测在时间上相距较远。

由此看来,只要他们能在自己的观测中发现一颗不在星图上的天体,那个天体极有可能就是他们想要寻找的新行星。这是一个绝妙的新思路。当然,他们的运气好坏还取决于星图的详尽程度。

仿佛与他们的机智遥相呼应,柏林天文台(图9)最近恰好编过一份详尽的星图,那份星图此刻就放在恩克的抽屉里。伽勒和达雷斯特赶紧找来了那份星图,然后由伽勒将望远镜中看到的天体的位置一个个报出来,达雷斯特则在星图上一一寻找——找到一个就排除一个。半个小时过去了,兴奋的时刻终于来临,当伽勒报到一颗视星等为 8 等,与勒维耶预言的位置相差不到 1 度的暗淡天体时,达雷斯特喊了起来:那颗星星不在星图上!

图9 柏林天文台

此刻的时钟已悄然划过零点，崭新的一天已经来临①。在这个不眠之夜里，一个天体力学的神话已被缔造，天文学的历史翻开了辉煌的一页。此时恩克的生日派对仍在进行，激动不已的伽勒和达雷斯特赶到恩克的住所，向他报告了这一消息。恩克立即中断了生日派对，与他们一同赶往观测台，三人一直观测到黎明。第二天，在同样完美的天气条件下，他们又仔细复核了一次，发现那个天体的位置移动了，并且移动的幅度与勒维耶的计算完全吻合。毫无疑问，他们已经发现了勒维耶预言的新行星②。

9月25日早晨，走下观测台的伽勒写信向勒维耶报告了发现新行星的消息。

这个消息很快就席卷了整个天文学界，并将在不久之后掀起一场风暴。

---

① 尽管如此，人们通常仍将1846年9月23日作为新行星的发现日。

② 经过仔细的观测，他们也确定了新行星的圆面大小，比勒维耶预言的小了20%左右。

17 名动天下

虽然近代天体力学史上从来就不乏精密的计算和预言,比如我们在第6章中曾经提到,高斯预言的谷神星位置与实际观测只差0.5度。至于有关日食、月食及彗星周期等的预言,则更比比皆是。但那些计算所涉及的天体,其存在性及部分轨道数据都是已知的,所有的计算和预言都只是从有关该天体的已知数据出发,来推测未知数据。而像勒维耶这样通过已知行星的运动,来间接推算一颗远在几十亿千米之外,没有任何观测数据的未知行星的轨道,并将其位置确定到如此精密的程度,这不仅是前所未有的壮举,而且充满了引人遐想的空间。一时间,所有人都被这令人炫目的伟大成就所震撼,这一成就的"总设计师"勒维耶几乎在一夜之间就达到了自己一生荣耀的顶点。来自欧洲各地的赞美与祝贺如雪片般飞来,很多人激动地将勒维耶的成就称为天文史上最伟大的成就。

在伽勒给勒维耶报信的同时,他的老板恩克也亲自给勒维耶写了信,在信中,除了向勒维耶表示"最诚挚的祝贺"外,恩克还写道:"您的名字将永远与对万有引力定律有效性的能够想象得到的最惊人验证联系在一起"。德国天文学家舒马赫(Heinrich Schumacher)的评论则是:"这是我所知道的最高贵

的理论成就",这位舒马赫曾试图帮助勒维耶联络德国及英国的天文学家进行新行星搜索,可惜那些被他联络到的天文学家无一例外地丧失了机会。除天文学界外,欧洲的媒体也迅速报道了这一消息,并在公众中激起了极大的兴趣。10月5日,新行星发现后的第十天,法国科学院每周一次的例行会议几乎成了勒维耶的明星秀,闻讯而来的民众把科学院的入口挤得水泄不通,人人争睹勒维耶的巨星风采,每张嘴都在念叨着勒维耶的名字。甚至连法国国王也被勒维耶的盛名惊动,亲自聆听了勒维耶对自己发现的介绍。

在这涌动的热潮中,许多法国民众开始将新行星称为"勒维耶星"。提议以发现者的名字命名行星,这在行星发现史上并非头一遭,在法国尤其如此。当年赫歇耳发现的天王星在法国就一度被称为"赫歇耳星",更何况此次发现新行星的首要功臣就是法国人。这时候,倒是勒维耶本人很谦虚地提议了一个不同的名字:奈普顿(Neptune),这是罗马神话中的海洋之神。这个名字既符合行星命名的神话惯例,又与新行星在望远镜里呈现的美丽蓝色珠联璧合,是一个很漂亮的提议[①]。不过这一名字尚未得到公认,连续几天的"群众运动"及"勒维耶星"的"黄袍加身"就使勒维耶的想法产生了变化。他觉得新行星若果真被命名为"勒维耶星",倒也是一件很幸福的事情。这样的命名虽有违惯例,但考虑到此次的情形是如此的独一无二,勒维耶觉得自己享受一个独一无二的命名也并不为过。在他的示意下,巴黎天文台的台长阿拉果公开提议将新行星命名为"勒维耶星"。但这一提议终究没能与已成主流的神话命名体系相抗衡,更何况此时此刻,一场巨大的风暴已然来临,小小的命名之争很快就淹没在了惊涛骇浪之中。等到风浪平息之后,最终还是海洋之神成为了新行星的名字,在中文中,这一行星被称为海王星[②]。

----

①　有关这一提议的由来,勒维耶在给伽勒的一封信中声称是法国经度局(The Bureau of Longitude)的决定,但法国经度局却否认了这一说法。人们一般认为,这一命名是勒维耶自己的提议,至多曾与经度局的人有过非正式的交流。

②　海王星这一名称直到1847年才基本得到公认,但为了方便起见,我们在下文讲述1847年以前的事件时也将用这一名称来称呼新行星。

海王星被发现时的视星等为 8，虽然超出了肉眼所能辨别的极限，但在望远镜所能观测的天体中却是比较亮的。因此与天王星的情形一样，天文学家们很快就发现海王星其实也早在其被伽勒和达雷斯特发现之前，就已被反复记录过。这其中最该痛哭流涕的无疑是查利斯，在与新行星擦肩而过的所有人中，他是唯一一位以搜寻新行星为目的，并且观测到了目标，却仍失之交臂的人。悔恨排行榜上的亚军则属于法国天文学家莱兰德（Michel Lalande），此人的"冤情"堪比其同胞拉莫尼亚（参阅第 4 章）。1795 年 5 月 8 日及 5 月 10 日，莱兰德两次观测到了海王星。次数虽不算多，但与拉莫尼亚不同的是，莱兰德明确注意到了该天体在两天之中的位置变化。此时此刻，新行星的发现实已呼之欲出。但令人难以置信的是，莱兰德竟鬼使神差般地认定自己 5 月 8 日的观测是不准确的，而且连进一步的确认及后续观测都没做，就将这千载难逢的机会拱手送还给了命运女神，从而创下了行星观测史上最离奇的失误。

在曾经记录过新行星的人之中，最让人意想不到的则是伽利略。1979 年，人们发现这位科学启蒙时代的宗匠竟然早在 1612—1613 年间——即不仅比海王星的发现早了两百三十多年，甚至比天王星的发现还早一百七十多年——就至少两次观测到了海王星。另外值得一提的是，小赫歇耳曾在 1830 年的一次天文观测中搜索过距离海王星当时的位置只差 0.5 度的天区。小赫歇耳很好地继承了父亲的事业，当时已成为英国最有声望的天文学家之一。以他的观测设备及观测水平，若当时他的观测区域稍稍扩大一点，就极有可能缔造一段父子双双发现新行星的佳话。但这样的佳话假如出现，勒维耶用笔尖发现海王星的更伟大的奇迹将不复存在。小赫歇耳在给朋友的信中表示，如果那样的话，连他自己都将感到遗憾。这句话也许是心里话，也许只是一种风度，但对于行星发现史来说，这句话倒是千真万确的。海王星以如今这种方式被发现，实在是行星发现史上最动人的故事。

不过这故事虽然动人，却也没有后人渲染的那样完美，这是后话。

18 轩然大波

　　海王星的发现在知道亚当斯工作的一小部分英国天文学家中引起了极大的震动。发现海王星的消息传到英国时，艾里正在欧洲大陆度假，当时在英国的知情人除亚当斯本人外，主要有两个：一个是查利斯，另一个则是小赫歇耳。

　　小赫歇耳成为知情人的具体时间史学界尚有争议，传统的说法是他曾在6月29日皇家天文台的一次会议期间听艾里提到过亚当斯与勒维耶的计算①。那是艾里极罕见的一次向他人提及亚当斯的名字，那个消息给小赫歇耳留下了深刻印象。9月10日，他在英国科学进步协会的一次演讲中，将预言海王星的位置比喻为哥伦布从西班牙海岸直接看到美洲②。当时海王星尚未被发现，小赫歇耳并未在这番泛泛之语中提及预言者的名字，不过由于勒维

---

　　①　这一细节是艾里于11月13日在皇家天文学会就海王星事件召开的质询会上回顾这一事件时提供的，但史学界对此有一定的争议，因为人们未能查到支持这一说法的文字记录。

　　②　小赫歇耳是否在那次会议上说过那样的话，也同样因为没有找到可以作证的文字记录，而有一定的争议。

耶的工作早已广为人知,几乎所有的听众都以为小赫歇耳指的就是勒维耶的预言。现在海王星已被发现,勒维耶也已名动天下,作为英国天文界的领军人物之一,小赫歇耳不愿坐视英国在这场无形竞争中一败涂地。10 月 3 日,他在伦敦的一份周报上发表文章,公布了亚当斯在整个事件中的角色。这是这一事件的英国版首次被公开。小赫歇耳在文章中除了提及亚当斯的结果外,还表示正是因为知道亚当斯与勒维耶的结果几乎相同,才使他有足够的信心将预言海王星的位置比喻为哥伦布从西班牙海岸直接看到美洲①。

在除亚当斯本人之外的三位英国知情人中,小赫歇耳无疑是最没有心理包袱的,因为他在这一事件中纯粹是旁观者。与他不同的是,艾里与查利斯很早就知道了亚当斯的结果,因此这两人对英国在这一竞争中的落败很难脱得了干系。尤其是查利斯,他的疏失对于一位职业天文学家来说堪称是丑闻。查利斯是 9 月 30 日得知海王星被发现的消息的,当时他还不知道自己早在一个多月前的 8 月 12 日就曾观测到过海王星,因此心中尚无愧意。不仅没有愧意,他还有苦水要倒。因为他在 9 月 29 日看到了勒维耶发表的最新计算结果,那篇文章重新引起了他对新行星的兴趣,当天晚上,他恢复了已中断近一个月的搜索,并且成功地发现了一个有圆面的天体——那正是海王星。可惜没等他有机会复核,就传来了海王星已被发现的消息。查利斯觉得自己实在有点冤,运气也实在有点背,因此他立即给剑桥的一份刊物写了信,除提及亚当斯的工作外,还着重提到自己过去两个月以来一直在从事着早晚会成功的搜索工作,并在 9 月 29 日事实上独立地发现了海王星。查利斯的信也发表于 10 月 3 日。

若干天之后,当查利斯发现自己一个多月前的重大疏失时,他的自我惋惜才转变为悔恨与惭愧。

———————————

① 我个人觉得奇怪的是:史料中没有任何有关那段时间小赫歇耳本人从事新行星搜索的记载,以他的家世背景(父亲是天王星的发现者),如果他真的对亚当斯和勒维耶的共同预言有那么大的信心,为何没有亲自搜索新行星呢?

10 月 11 日,艾里回到了英国,他在 9 月 29 日就得知了海王星被发现的消息。无论从学术地位还是实际作用而论,艾里在整个英国版的故事中都处于中枢地位,他很快也对事件作出了反应。不过,他没有诉诸媒体,而是直接给勒维耶写了信。在信中艾里告诉勒维耶,英国方面在他之前就有过完全相同的预言。虽然艾里表示自己这封信的目的绝不是要抹杀勒维耶的贡献,并且他也承认英国方面的工作不如勒维耶的工作来得广泛,但他对"时间上更早"及"结果相同"这两点的强调,还是让勒维耶很受伤。

在英国方面的主要当事人中,唯一未发表声明的是亚当斯本人,他虽然很沮丧,但没有参与优先权之争。相反,他将精力投入到了利用已经公布的观测数据计算海王星的真实轨道上来,并于 10 月份完成了计算,成为最早在直接观测数据之上完成海王星轨道计算的天文学家。

勒维耶收到艾里的来信时,小赫歇耳和查利斯的文章也几乎同时传到了法国。这突如其来的三柄利刃让勒维耶既感震惊又觉震怒。勒维耶的震惊和震怒是有道理的,艾里在海王星发现之前与他有过多次信件往来,如果英国方面早就有过与他平行的工作,艾里为什么早不提晚不提,偏偏要等到海王星被发现之后才提? 查利斯的举止更是可疑,他在刊物上的声明发表之后,又于 10 月 5 日给不止一位欧洲大陆的天文学家去信,讲述自己 9 月 29 日发现却没来得及确认海王星的"祥林嫂"故事。而在那些故事中他却只字未提亚当斯的名字,这不是前后矛盾又是什么? 至于小赫歇耳,他竟然声称对勒维耶结果的信心乃是因为其与名不见经传的亚当斯的结果相吻合,这对勒维耶来说简直太伤自尊了。

来自英国方面的消息不仅激怒了勒维耶,也激怒了整个法国天文界。在他们看来,这分明是英国方面蓄意捏造事实,企图抢夺荣誉的卑劣行径。人不可以无耻到这种地步,法国天文学家们的心里,那是相当的愤怒,他们立即展开了犀利的反击。10 月 19 日,巴黎天文台台长阿拉果在巴黎科学院的会议上发表了声援勒维耶,讨伐艾里、小赫歇耳及查利斯的檄文。在这篇檄文中,阿拉果大量援引了艾里等人写给法国天文学家的信件,指出其相互矛盾之处,并痛斥英国人的卑劣企图。阿拉果在檄文的最后情绪激昂地指出：在每一双公正的眼睛里，这一发现都仍将是法国科学院的辉煌成就，也将是让子孙后代景仰的最高贵的法国荣誉。

阿拉果的檄文发表后，法国乃至欧洲其他国家的媒体都迅速跟进，展开了对艾里等人的围剿。法国的有些报道干脆将这三人称为"窃星大盗"（考虑到海王星的大小，这罪名在理论上可比地球上的"窃国大盗"大得多）。更糟糕的是，阿拉果所引的艾里等人与法国同行的通信一经曝光，在英国天文学界也引起了轩然大波。因为艾里与查利斯不仅从未向法国同行们提及过亚当斯的工作，也向绝大多数英国同行隐瞒了消息。这一点让许多英国天文学家也感到了愤怒，这其中有位天文学家叫作辛德（John Russell Hind），他曾在格林威治天文台当过助理。伽勒发现海王星的消息传到英国后，他是第一位重复这一发现的英国人。但在那之前，他就曾与查利斯讨论过搜索新行星的问题。倘若查利斯未曾向他隐瞒亚当斯的工作，他也许早就展开了认真的搜索。而如果艾里与查利斯及早向英国天文界全面报告亚当斯的工作，说不定会有更多的英国天文学家投入搜索行动。不仅如此，更有人指出，倘若艾里与查利斯在1845年秋天亚当斯的第一轮结果出来之后就认真对待，则历史说不定早已被改写，根本就没法国人什么事。从这个意义上讲，艾里与查利斯是导致英国天文学界整体失利的罪魁祸首。某些激进的英国批评者甚至认为艾里有可能与勒维耶串通一气，出卖了亚当斯的计算。这种指控当然是无稽之谈，但艾里与查利斯一度在欧洲大陆及英国本土同时遭到抨击，"猪八戒照镜子，里外不是人"，则是不争的事实。

艾里等人掀起的这场轩然大波不仅极大地伤害了法国人民的感情，而且还严重破坏了英国天文学界自身的和谐，这场风波该如何落幕呢？

19 握手言和

在所有针对艾里和查利斯的抨击中，有一点无疑击中了要害，那就是在海王星发现之前，他们在一定程度上隐瞒了亚当斯的工作。事先隐瞒，有荣誉时却突然提出，这使得他们的声明在外人——尤其是在法国天文学界——眼里有一种为抢夺荣誉而临时炮制的感觉，成为他们取信于别人的最大障碍。

如果说一开始艾里对亚当斯的工作还只是忽略而非隐瞒，那么在他得知了勒维耶的工作（详见第13章）之后，这样的理由就不大说得通了。很多人认为，艾里和查利斯存在将发现海王星的荣誉留给剑桥的私心，从而有意向同行们隐瞒了亚当斯的工作。这一看法虽从未得到艾里和查利斯的承认，但应该说有一定的合理性①。艾里本人的说法，则是坚称他自始至终就不曾对亚当斯的工作有足够的重视，即便后来因了解了勒维耶的工作而意识到其结果很

---

① 如我们在第15章中所说，仅凭勒维耶的计算，多数天文学家采取的只是观望态度。因此知道亚当斯的结果在很大程度上可以算是"剑桥帮"的秘密武器。不过这一看法无法解释艾里为何曾向小赫歇耳等少数同事提及过亚当斯与勒维耶的计算（小赫歇耳虽也曾就读于剑桥，但他并不在剑桥天文台从事观测，应该与艾里设想的剑桥故事没有关系），并明确提出了存在近期内依据这些计算发现海王星的可能性（参阅第13章）。

可能是正确的,也由于该结果并未正式发表而鲜有提及。但无论出于何种原因,法国方面以此为由全面否认英国方面的声明,甚至认为亚当斯的工作是子虚乌有的骗局,显然是欠冷静的。

如果要盘点一下在发现海王星的过程中英国方面几位当事人的个人过失,那么查利斯显然有着极大的过失。作为一位职业天文学家兼天文台台长,在比对观测数据时如此草率,无论如何是说不过去的。这一点,连他的英国同行们也嗤之以鼻,后来有评论者尖刻地嘲讽道:查利斯是不朽的——他因失败而不朽。

另一方面,艾里虽也饱受抨击,但平心而论,他前前后后的行为倒是都有说得通的理由。比方说亚当斯1845年秋天吃到的几次闭门羹就不能怪艾里,因为亚当斯并未预约。有人也许会对亚当斯第三次登门时艾里正在吃午饭一事感到奇怪,因为当时已是下午四点,但这个古怪的午饭时间却是艾里医生的要求。而艾里看到亚当斯留下的计算结果后隔了两个星期才回复,则是两个因素的共同结果:一是他的妻子即将生第九个小孩(姜昆和李文华的相声说得好:多子女的坏处就是个人受罪,国家受累);二是他手下有位职员正好卷入了一桩谋杀丑闻之中。任何人同时碰到这样的家事和公事,恐怕都难免会受到影响。至于他在自己信中所提的天王星轨道径向偏差问题被亚当斯搁置后,不再关注对方,则更是合理的反应。

最后,亚当斯作为这一事件中唯一保持低调的当事人①,虽然得到了英国同行的普遍嘉许,但他没有循正式途径发表自己的计算,无论是因为信心不足,还是为了精益求精,对后来的风波都有直接的负面影响——虽然人们很难拿这一点来批评他。

————————

① 后来有人对亚当斯是否真的是一位"timid"(害羞)或"modest"(谦虚)的人提出了异议。但无可否认的是,亚当斯即便在成名之后仍相当低调。他一生谢绝过两次巨大的荣誉:一次是1847年,在小赫歇耳等人的推荐下,维多利亚女王决定授予他爵士头衔,那是牛顿曾经获得过的头衔;另一次则是1881年艾里退休时,他受到推选接替艾里的位置——那是英国天文学界最尊崇的位置。找遍全英国,恐怕也找不出第二位谢绝这两项荣誉的人。

令人欣慰的是，有关海王星发现的这场轩然大波，在短短几个月之后就在学术界平息了下来。这其中小赫歇耳在遭受法国方面猛烈攻击的情况下坚持斡旋，并用华丽的文字对勒维耶进行安抚，以及艾里在度过了对法国方面公布其私人信件的短暂愤怒期之后采取的克制态度，都起了不小的作用。而英国皇家学会也在这场风波中显示出了非比寻常的气度，将 1846 年的考普雷奖授予了勒维耶。六十五年前，发现天王星的赫歇耳所获得的第一个崇高荣誉就是考普雷奖（图 10），而此时亚当斯尚未获奖，皇家学会就把奖项授予了勒维耶，而且还在获奖理由中称勒维耶的工作是"现代分析应用于牛顿引力理论的最令人自豪的成就之一"，这对勒维耶无疑是极大的安抚[①]。英国人向来珍视自己的荣誉，这回却将最高荣誉授予了法国方面的竞争者，但英国皇家学会通过这一行为表现出的泱泱气度又何尝不是一种荣誉呢？

图 10　考普雷奖章

当然，争论的最终平息还要部分归功于亚当斯的论文。他的论文发表后赢得了一片赞许，很多人（不光是英国人）甚至认为他的方法在数学上比勒维耶的更为优美。法国学术界也最终承认了亚当斯的才华[②]。1847 年 6 月，亚当斯和勒维耶在英国科学进步协会的一次会议上首度相遇。两人用亲切的交

① 两年后，即 1848 年，亚当斯也获得了考普雷奖。

② 与勒维耶不同的是，亚当斯的计算细节从未被全部发表，并且他的计算草稿也从未被全部找到。这使得一直有人对亚当斯的工作存有疑虑。不过依据曾经公布过的资料，后人已基本复现了亚当斯的计算方法。

谈开始了他们终生的友谊,也打消了人们对他们会面的担忧。这正是:度尽劫波兄弟在,相逢一笑泯恩仇。

优先权之争的落幕,也终结了勒维耶用自己名字命名海王星的短暂打算。因为这一打算不仅有违行星命名的传统,也与天文学界好不容易达成的亚当斯与勒维耶共享荣誉的共识相违背。

亚当斯与勒维耶这两位当年曾为了请人观测新行星而四处奔走的天体力学高手,后来都亲自担任了天文台的台长:勒维耶于1854年接替去世的阿拉果担任了巴黎天文台的台长,亚当斯则于1861年接替离职的查利斯成为了剑桥天文台的台长。不过他们两位在天文台台长的位置上干得并不出色,亚当斯基本上是把观测事务全都推给了资深助理,勒维耶则不仅同样疏于观测(有人认为他甚至从未在望远镜里看过一眼让他名垂青史的海王星),而且还因与下属关系恶劣而一度下岗。亚当斯后来两度担任皇家天文学会的主席,在那期间,他亲自向达雷斯特(即与伽勒一起发现海王星的那位学生,他的贡献曾被很多人忽视)和勒维耶颁发过奖项。不过他颁给勒维耶的奖项,我们在后文中将会提到,却是一个乌龙奖项。

海王星事件落幕后,艾里将他手中有关这一事件的信件及其他资料存入了格林威治天文台的档案之中。这些档案被后人称为"海王星档案"(Neptune Files)(图11)。出人意料的是,这些档案在一个半世纪之后又重新掀起了一场风波。

图 11　海王星档案

20　秘密档案

　　海王星的发现在科学界引起了极大的轰动。自那以来,这一发现一直被视为天体力学最辉煌的成就,就像亚当斯与勒维耶的同时代人曾经赞许过的那样。但是,过于夺目的历史光环却也掩盖了这一成就背后的不完美性,以至于后世的很多文章过分渲染了海王星位置与勒维耶的预言相差不到 1 度这一辉煌之处,却忽略了计算结果中那些与观测不那么相符的地方。

　　我们在第 18 章中曾经提到,在海王星被发现之后,亚当斯是第一个利用实际观测数据对其轨道进行计算的天文学家。亚当斯的计算表明,海王星轨道的半长径只有 30.05 天文单位(现代观测值为 30.06 天文单位)。稍后,海王星的质量也得到了较为准确的测定,结果表明其质量与天王星几乎相同。将这些结果与亚当斯及勒维耶的计算相比较,不难看到彼此间存在不小的差距。亚当斯的两次计算所采用的天王星轨道半长径分别为 38.4 和 37.3 天文单位;勒维耶的两次计算所采用的轨道半长径则分别为 38.4 和 36.2 天文单位,均显著大于实际值。而且,除勒维耶的第一次计算采用了圆轨道外,亚当斯和勒维耶所采用的轨道椭率均在 0.1 以上,比实际值(约为 0.011)大了一个数量级。此外,亚当斯和勒维耶所采用的海王星质量为天王星质量的 2～

3 倍，远远高于实际值。因此，亚当斯和勒维耶的计算无论在天体质量，还是轨道参数上都存在较大的误差。不过幸运的是，对海王星质量的高估，与对其轨道半长径的高估造成的影响在一定程度上得到了抵消，从而大大增加了亚当斯和勒维耶的计算与真实情形的接近程度。即便如此，后来的分析表明，在海王星长达 165 年的漫长公转周期中，亚当斯和勒维耶的计算只在其中十余年的时间里才是真实轨道的良好近似，而 1840—1850 年恰好就是这幸运的十年。从这个意义上讲，海王星的发现虽然是一个伟大的天体力学成就，但**它在离计算值如此之近的地方被发现却有一定的偶然性**[①]。

海王星的发现过程是动人心魄的，就连对这一发现过程所做的历史研究也充满了奇峰突起的意外篇章。海王星事件的落幕虽快，却落得并不彻底。一个多世纪以来，一直有人对事件的真相存有疑虑，尤其是对英国方面的说法感到怀疑。终于，这段暗流涌动的历史在相隔一个半世纪后的 20 世纪 90 年代末又掀起了一阵新的波澜。

我们在第 19 章的末尾曾经提到，海王星事件落幕之后，艾里将后来被称为"海王星档案"的一批资料存入了格林威治天文台的档案之中。这些海王星档案在此后一个多世纪的时间里一直处于秘密保存状态，直到二战后的 1956 年，才随着格林威治天文台的搬迁而重现天日。但颇为离奇的是，这些档案露面后不久就重新失去了踪影。1969 年，海王星研究者罗林斯（Dennis Rawlins）在试图查阅海王星档案时，被告知这些档案已不知去向。海王星档案的下落从此成为了一个谜，有人甚至认为这些档案的失踪，乃是英国方面刻意掩盖历史真相的手段。

几十年的时光悄然流逝，海王星档案依旧杳无踪影。1998 年，这些档案的昔日藏身之地，有着 323 年辉煌历史的格林威治天文台因为经费方面的原因而走到了关闭的边缘。世事的变迁似已让这悬案变得越来越没希望了，但就在这"山重水复疑无路"的时候，事情出现了意想不到的转机。1998 年

[①] 在后文讲述完冥王星的发现后，我们还会再次谈及这一问题。

10 月 8 日,作为关闭工程的一部分,工人们正准备拆除格林威治天文台的电话线,这时候资深档案管理员珀金斯(Adam Perkins)接到了一个来自遥远的南半球国家智利的电话。电话是从位于智利拉塞里纳(La Serena)的塞罗托洛洛天文台(Cerro Tololo Observatory)打来的。在电话中,珀金斯听到了一个让人几乎不敢相信的消息:失踪了几十年的海王星档案在刚刚去世的恒星天文学家艾根(Olin Eggen)的遗物中被发现了!

原来,有藏书癖好的艾根在 20 世纪 60 年代中期利用其在格林威治天文台工作的机会,窃取了包括海王星档案在内的重达百余公斤的档案①。

海王星档案的失而复得很快就在史学界掀起了一场新的波澜。有些人在对那些档案进行研究后,提出了一个惊人的观点,即艾里、查利斯、小赫歇耳、亚当斯等人当年讲述的英国版故事是不真实的,亚当斯在对海王星的预言上不应该享有与勒维耶同等的荣誉。这其中最主要的一位,是一度有过伦敦大学学院荣誉研究员头衔的英国人科勒斯特姆(Nick Kollerstrom)。2001 年,科勒斯特姆通过互联网披露了海王星档案的部分内容,并对艾里等人当年的说法提出了全方位的质疑。2003 年 7 月及 2004 年 12 月,美国的两份颇具影响力的主流科普杂志《天空和望远镜》(*Sky & Telescope*)及《科学美国人》(*Scientific American*)先后刊文介绍了科勒斯特姆的质疑,并且所取标题颇为惊人。《天空和望远镜》的标题为:"秘密档案改写海王星的发现";《科学美国人》的标题则是:"被盗行星之案"。很多其他媒体也引述或转述了科勒斯特姆的观点,他的正式论文则发表在了 2006 年 3 月出版的英国学术季刊《科学史》(*History of Science*)上。

一时间海王星的发现史似乎重新陷入了重重迷雾之中,英国人真的"盗窃"了海王星,历史真的要被改写吗?

_____

① 按格林威治天文台后来的说法,档案不是被盗,而是被艾根"借"走了。在艾根去世前,有人曾怀疑他带走了海王星档案,但他一直予以否认。

21 先入之见

　　科勒斯特姆对传统海王星发现史的质疑包含了很多方面。从小的方面说,他质疑了传统故事的许多细节,比如亚当斯对艾里的第二和第三次访问(中间相隔一小时)是否真的是在 1845 年 10 月 21 日下午? 艾里在他第三次来访时是否真的是在吃午饭? 艾里当时到底有没有收到亚当斯的"拜山帖"? 艾里是否真的在 1846 年 6 月 29 日的会议期间提及过亚当斯和勒维耶的计算? 小赫歇耳是否真的说过发现海王星如同哥伦布从西班牙海岸直接看到美洲这样的话? 等等。这些细节从历史研究的严谨性上讲无疑是可以探究的,甚至也可以影响对若干当事人个人过失的大小认定,但很难对事件的整体真实性起到扭转乾坤的作用。

　　但是从大的方面说,科勒斯特姆的质疑也涉及了一些比较重要的问题。比如我们都知道,亚当斯早在 1845 年秋天就完成了第一轮计算,并且在访问艾里时留下过一页纸的计算结果。那么,他当时的计算结果究竟是什么呢? 传统文献沿用的一直是艾里在海王星发现之后提供的说法,即亚当斯的计算结果与海王星的真实位置只差了 $1°44'$(我们在第 12 章中所说的"不到两度"指的就是这一说法)。但科勒斯特姆在查阅了一页据称很可能是亚当斯给查利斯的文件,并对比了亚当斯本人的若干笔记后提出,亚当斯当时的计算结果并没有艾里所说的那样精确,而很可能是一个误差达 3°的结果。科勒斯特姆认为,这样的结果虽然仍是引人注目的,但却不足以引导人们进行有效的搜索。

应该说,科勒斯特姆对这一点的考证是值得重视的,但他的结论却相当突兀,甚至可以说是莫名其妙。3°的偏差虽然比 1°44′大了将近一倍,但仍是一个相当小的偏差。若真的有人依据这一结果进行搜索,是完全有可能发现新行星的,因为人们搜索新行星的范围通常都不会定得很小(比如我们在第 14 章中提到的艾里向查利斯建议的搜索范围就达 30°×10°)。而且更重要的是,我们在前面曾经提到,无论亚当斯还是勒维耶,他们的计算结果与海王星的真实轨道都存在不小的差异。在这种情况下,亚当斯的第一轮计算哪怕真的偏差了 3°,也不是什么大不了的问题。甚至哪怕与亚当斯当时计算有关的具体文件已不可考,也不足以改写历史。因为艾里在得知勒维耶的第一轮计算结果后,曾于 1846 年 6 月 25 日在给一位英国同事的信中提到过亚当斯的结果与勒维耶的很接近。当时海王星尚未被发现,我们没有任何理由怀疑艾里在私人信件中所说的那些话。仅此一点,就足以证实亚当斯确实得到过与勒维耶相接近的结果,从而具备与勒维耶分享荣誉的工作基础。

除了对亚当斯第一轮计算的偏差提出质疑外,科勒斯特姆还提到,亚当斯第二轮计算与真实位置的偏差比第一轮的更大①,并且他在 1846 年 9 月 2 日给艾里的信中曾对自己的预测作过幅度高达 23°的错误变动。科勒斯特姆据此认为,亚当斯既没有稳定的计算结果,也不具备对自己计算的基本自信。应

---

① 科勒斯特姆在这点上是自相矛盾的。亚当斯第二轮计算的偏差为 2°30′,而他第一轮计算的偏差——按照科勒斯特姆自己的考证——则是 3°。因此,所谓第二轮计算的偏差比第一轮更大的说法是与他自己的考证相矛盾的。这一矛盾说明科勒斯特姆重新将艾里所说的 1°44′作了亚当斯第一轮计算的偏差(作为对比,勒维耶第二轮计算的偏差由第一轮的 -2°21′缩小为 -0°58′)。这种视自己需要而随意选用彼此矛盾的数据的做法显然是有失严谨。另外值得一提的是,科勒斯特姆认为亚当斯和勒维耶的第二轮计算之间的相互差异有 3.5°,而非一些早期文献所说的不到 1°。

该说，与勒维耶相比，亚当斯在自信心上的确显得比较欠缺。不过我们对他们工作的评价，首要的依据是他们的计算方法是否正确，以及他们的计算结果能否对实际观测起到引导作用。受当时的计算能力（尤其是数值计算能力）所限，他们两人的计算误差都是比较大的，勒维耶的计算误差达 10°左右，亚当斯的有可能更高。在这样的误差下，第二轮计算的实际偏差是变大还是变小，并不能有效地衡量他们计算方法的优劣，甚至也不能作为判断他们计算误差的充分依据。至于亚当斯对自己预言所作的巨幅变更，据分析很可能是因为将瑞士天文学家瓦特曼 1836 年公布的一组错误数据视为了新行星的观测位置（因为瓦特曼在公布数据时曾宣称那是他观测到的新行星），与他计算方法的正确与否无关。而且那次巨幅变更只是一次孤立的预言，与他的两轮系统计算并无实质关联。退一步说，即便勒维耶的计算的确比亚当斯更为精确，甚至精确很多，但从上文提到的艾里给同事的信件，以及艾里因两人的预测相近而催促查利斯进行观测来看，亚当斯的结果也仍足以对实际观测起到引导作用。因此，这方面的质疑同样不足以改写历史。

如果说上面那些质疑还只是单纯的技术性质疑，所涉及的只是亚当斯计算的技术水准，那么科勒斯特姆的另一类质疑，则把锋芒指向了艾里等人的诚信。在这类质疑中，他通过对艾里、查利斯等人的文章及信件（尤其是信件）中各种细节乃至语气的辨析，指出他们有可能在有关这一事件的若干叙述中撒了谎。这种辨析在当年优先权之争最炽热的时候，勒维耶、阿拉果等法国天文学家也曾用过（参阅第 18 章），只不过科勒斯特姆做得更为系统，也更加详尽。

不过，这些辨析究竟有多大说服力，是值得商榷的，而凭借那些辨析对这么重大的历史事件进行翻案，则更值得怀疑。因为我们都知道，信件的内容常常会因收信人的不同而有不同的侧重点。比如在试图安抚法国同行的时候，艾里就会有意突出后者的贡献，少提或不提亚当斯，以免产生副作用。而信件的语气则不仅与收信人有关，还与写信人的心情有关，不同的语气体现的有可能只是心情的差异，甚至相互间的矛盾也可能只是记忆的差错或笔误。信件不是论文，是不会有编辑来替写信人修改笔误的。事实上，科勒斯特姆能从艾里等人的信件中看出那么多的"问题"，与其说是表明艾里等人有可能撒了谎，不如说是恰恰说明他们并未撒谎。因为那些信件大都是海王星事件发生之后所写的，以艾里等人的智力，倘若有意要编造故事，又岂会在那些后期信件中留下如此多的破绽？那些"破绽"出现在普通信件中是可以理解的，但作为三个著名学者合谋故事的一部分，却是根本不应该出现的。更何况，如果艾里等人真的撒了谎，艾里又为何要留下海王星档案来让后人追查真相？再说小赫歇耳和查利斯早在 10 月 3 日就各自发表文章提及了亚当斯的贡献(参阅第 18 章)，当时艾里尚在欧洲大陆旅行。他们若要编故事，又怎敢在艾里这么重要的知情人返回英国相互协调之前就贸然行事？

总体来说，科勒斯特姆对海王星事件的研究带有较强的先入之见，即首先认定失踪档案隐藏着重大问题，然后去寻找证据。这种"史从论出"的"阴谋论"心态是史学研究的大忌，带着这种心态研究史料，很容易把一些并无充分说服力的细节视为铁证，赋予它们不应有的重要性，就像中国寓言故事"疑人偷斧"所隐喻的那样。而且一旦有了先入之见，常常会有意无意地忽略或回避对自己观点不利的东西，千方百计地穿凿附会自己早已设定的结论，从而丧失客观公正的立场①。艾里、查利斯及小赫歇耳都是有名望的天文学家，作为当时英国天文界的重要人物，他们当然很看重英国天文界的整体荣誉，但认为他们会在如此重大的学术事件中编造谎言，是令人难以置信的。因为这种谎言一旦败露，将对英国的学术声誉带来重大灾难。更何况，除小赫歇耳外，艾里和查利斯都在海王星事件中遭受了巨大的个人名誉损失(若亚当斯并未独立推算出海王星的位置，或他的工作质量与勒维耶不可相提并论，那么后人加诸于艾里和查利斯的恶评无疑会少得多)。科勒斯特姆提出的"证据"显然远不足以解释这几位功绩卓著的天文学家为何要用自己宝贵的名誉，来进行一场

---

① 这一点也正是科勒斯特姆的致命弱点，他对海王星发现史的质疑虽曾被一些主流科普杂志、学术刊物及媒体所引述，但他的历史"研究"有着浓厚的伪历史及阴谋论色彩。除质疑海王星的发现史外，他还质疑纳粹大屠杀的真实性，是所谓的"大屠杀否认者"(holocaust denier)之一，并因此于 2008 年 4 月被伦敦大学学院撤销了一切学术头衔。

吉凶未卜的豪赌，并且赌得如此粗心，甚至还特意保留了"罪证"。

　　海王星档案的失而复得有助于史学界更精确地还原海王星发现过程中的若干细节，但起码就目前看到的资料和分析而言，它完全不足以改写历史。海王星的发现是科学界的一个伟大成就，亚当斯和勒维耶各自独立地计算出了海王星的位置，而伽勒及达雷斯特则一同发现了这颗新行星。

22 火神疑踪

海王星的发现极大地刺激了天文学家和数学家的兴趣。原本属于观测天文学家专利的新行星,居然可以用纸和笔来发现,这实在太吸引人了。一时间用数学方法寻找新行星成为了时尚。天文学家们兵分两路展开了行动,一路沿袭了向外扩张的历史传统,到海王星轨道之外去寻找惊喜;另一路则独辟蹊径,将目光投向了水星轨道的内侧。这后一路天文学家的领军人物不是别人,正是赫赫有名的勒维耶。在发现海王星的荣誉出人意料地被亚当斯分走一半后,勒维耶决定寻找一个新的猎物———一个自己可以独享的猎物。当时多数天文学家认为在海王星之外发现新行星的机会更大,但勒维耶却认为在距海王星的发现如此之近,从而对海王星轨道的了解还不充分的情况下,用数学手段寻找新行星尚为时过早。因此,虽然他也相信海王星之外存在新的行星,但却首先选择将水星轨道以内作为自己的新战场。

勒维耶之所以选择水星轨道以内作为新战场,还有一个很重要的原因,那就是水星的轨道也存在着反常。经过长期精密的观测,天文学家们早就发现水星的椭圆轨道在背景星空中存在缓慢的整体转动,这种转动被称为水星的近日点进动。观测表明,水星的这种近日点进动平均每年约为56[角]秒。但

另一方面,考虑了由地球自转轴进动造成的表观效应及已知行星的影响后,理论计算给出的进动值却只有每年 55.57[角]秒①,两者相差 0.43[角]秒。天文学家们知道水星轨道的这一细微反常已有时日,勒维耶本人早在当年对各大行星做地毯式研究(参阅第 13 章)时,就曾对水星轨道进行过详尽考察。海王星的发现无疑赋予了这一反常一个全新的意义。在勒维耶看来,这个虽然微小,但确凿无疑的轨道反常,是水星轨道之内存在未知天体的明显证据。

那么这未知天体会是个什么样的天体呢? 勒维耶认为有两种可能性:一种是单一行星,另一种则是小行星带。也许是由于水星近日点的反常进动与当年的天王星出轨相比显得更为规则,或者是受当时正在发现中的小行星带的启示,勒维耶比较倾向于后一种可能性,即在水星轨道之内存在一个小行星带。1859 年 9 月,他在一篇文章中正式预言在距太阳 0.3 天文单位处存在一个未被发现的小行星带。

正所谓:说曹操,曹操到。勒维耶的预言提出后不久,一位名叫莱沙鲍特(Edmond Lescarbault)的法国医生兼业余天文学家就给他写来了一封信,声称自己曾于 1859 年 3 月 26 日发现过一个穿过太阳表面的天体。这封来信让勒维耶很是兴奋,他立即对这位业余天文学家进行了"家访"。在确信此人值得信赖后,勒维耶依据他所得到的数据对这一天体的参数进行了计算,结果表明其轨道半径为0.147 天文单位,质量约为水星质量的百分之六。这个天体很快就被取名为火神星(Vulcan,罗马神话中的火神及希腊神话中的工匠之神,美神维纳斯的丈夫)。1860 年初,勒维耶向法国科学院报告了发现火神星的消息。尽管自首次"发现"以来,包括莱沙鲍特本人在内的所有人都不曾再有机会一睹火神星的芳容,但法国科学院基于对勒维耶的无比信任,还是很痛快地将拿破仑设立的法国最高勋章——军团勋章(Légion d'honneur)授予了莱沙鲍特,从而上演了该院历史上最大的乌龙颁奖事件之一。

①　这其中由地球自转轴进动造成的表观效应约为每年 50.256[角]秒,由已知行星的引力作用产生的进动约为每年 5.314[角]秒。

虽然火神星的轨道半径远小于勒维耶预言的 0.3 天文单位，其引力作用也远不足以解释水星近日点的反常进动，但勒维耶一生都对它的存在深信不疑。受他的巨大声望影响，一些天文学家在此后近 20 年的时间里锲而不舍地找寻着火神星的倩影，其中包括在浩如烟海的文献中搜寻可能存在的历史记录。1876 年，在亚当斯担任主席期间，英国皇家天文学会也步法国科学院的后尘，很乌龙地在火神星的存在尚未得到确认的情况下，就将一枚金奖授予了勒维耶，以表彰他为解决水星近日点反常进动问题所做的贡献。

但这一切的热情都没能感动火神星，这颗神秘的"行星"再也不曾露面过，所有曾被当作火神星的历史记录（主要集中在 1819—1837 年间）也都被一一判定为是太阳黑子而非天体。1877 年 9 月 23 日，火神星的最大支持者勒维耶离开了人世，这一天距海王星的发现正好相隔 31 年，但火神星的命运仍悬而未决。

火神星之所以能在那么长的时间内杳无踪迹，却仍让那么多的天文学家牵肠挂肚，除了依靠勒维耶的"魅力值"外，一个很重要的原因是它离太阳太近，太容易湮没在太阳的光芒之中，从而即便长时间观测不到，也无法说明它不存在。

但丑媳妇终究是要见公婆的。1878 年 7 月 29 日，天文学家们迎来了一个搜寻火神星的绝佳机会：日全食。当太阳的光芒不再夺目时，火神星还如何遁迹？那一天，大批天文学家在可以观测日全食的美国怀俄明州的一个小镇上架起了望远镜，等待火神星之谜的水落石出。

但出人意料的是，那天的观测没能对火神星的命运作出宣判，却充分证实了心理学的巨大威力。那一天，不相信火神星的天文学家们全都没有观测到火神星，从而更坚信了火神星的子虚乌有[①]。但相信火神星的职业天文学家沃森（James Watson）及业余天文学家斯威福特（Lewis Swift）却都声称观测

---

① 从理论上讲，在日全食期间没有观测到火神星并不意味着火神星不存在，因为它有可能恰好也和太阳一起被遮盖。不过这种情况发生的概率较小（感兴趣的读者可以估计一下这一概率的大小）。

到了火神星,斯威福特甚至声称自己观测到了两个水内天体。虽然这两人宣称的天体位置彼此之间以及与勒维耶的预言之间全都不同(从而无法相互印证),而且很快就有天文学家通过他们记录的天体位置指出他们很可能将已知天体误当成了火神星,但这两位老兄爱火神星没商量,一口咬定自己观测到的就是火神星。

在那之后又过了十几年,人们在勒维耶有关火神星轨道的计算中发现了错误。不仅如此,进一步的分析表明,火神星的存在与其他内行星——尤其是金星——的运动并不相容。自那以后,火神星的追随者基本上销声匿迹了。

最终为火神星的疑踪画下完美句号的是物理学家爱因斯坦(Albert Einstein)。1915年,他在刚刚完成的广义相对论的基础上,完美地解释了水星近日点的反常进动,从而彻底铲除了火神星赖以存在的理论土壤①。

---

① 即便如此,仍有个别天文学家在水星轨道以内寻找新天体。不过这类天体的线度上限已被压缩到了 60 千米,至多只能是小行星。

23　无中生有

　　寻找火神星的天文学家们已全军尽墨,但在海王星以外寻找新行星的天文学家们却还处在忙碌之中,他们的战场完全是另一番景象。

　　我们知道,海王星之所以能在笔尖上被发现,是因为天王星存在出轨现象,而勒维耶之所以寻找火神星,是因为水星也存在出轨现象,虽然那种被称为水星近日点反常进动的出轨现象具有高度的规则性,从而与天王星的出轨完全不同。那么,寻找海王星以外的行星(以下简称海外行星),尤其是通过计算手段寻找那样的行星,它的依据又在哪里呢? 很遗憾地说,只存在于天文学家们那些"驿动的心"里。

　　自从海王星被发现之后,天王星的出轨之谜基本得到了解释,剩余的偏差已微乎其微。但如何看待这细微的剩余偏差,却有很大的讲究。我们知道,有关行星轨道的任何观测及计算都是有误差的,因此计算所得的轨道与观测数据绝不可能完全相符。一般来说,只要两者的偏差足够小,小于观测及计算本身所具有的误差,这种偏差就算是正常的,并且往往是随机的。天王星的出轨与水星近日点的反常进动之所以引人注目,是因为它们都远远超过了观测及计算的误差。但是,海王星被发现之后,天王星的剩余"出轨"实际上已经处在

观测及计算误差许可的范围之内，没有进一步引申的余地了。不幸的是，发现海王星的成就实在太令人心醉，以至于此前一直追求观测与计算的一致，并愿为之奋斗终生的一些天文学家，现在反而由衷地期盼起观测与计算的不一致来。因为唯有那样，才有重演海王星发现史的可能。正是在这种满心的期待乃至虔诚的祈祷之中，天文学家们开始在鸡蛋里挑骨头，他们的目光变得多疑，他们不仅"发现"天王星仍在出轨，而且怀疑海王星也不规矩。

1848 年，距海王星的发现仅仅过了两年，法国天文学家巴比涅特（Jacques Babinet）就预言了一颗海外行星。他提出的海外行星的轨道半长径约为 47～48 天文单位，质量约为地球质量的 11.6 倍。他的计算依据是海王星的实际轨道与勒维耶所预言的轨道之间的差别。显然，这是一种完全错误的计算逻辑。因为勒维耶所预言的轨道只是依据天王星出轨现象所作的推测，而且在推测时还对轨道参数（比如半长径）做过带有一定任意性的猜测，从而根本就不是标准的海王星轨道计算。（请读者想一想，标准的海王星轨道计算应该是怎样的？）用那样的轨道来研究海王星的出轨，套用著名物理学家泡利（Wolfgang Pauli）的话说，那是"连错误都不如"（not even wrong）。

理论天文学家们的心情固然急切，观测天文学家们的动作也不含糊。1851 年，距海王星的发现仅仅过了四年多，英国天文学家辛德（我们在第 18 章中提到过此人，他是海王星被发现后第一位观测海王星的英国人）宣布自己从美国天文学家弗格森（James Ferguson）的一份观测报告中，发现了一颗轨道半长径为 137 天文单位的海外行星。但是，无论辛德、弗格森还是其他人，都没能再次捕捉到那颗神秘的"海外行星"，它的谜底直到 28 年后才揭晓，原来那是弗格森的一次错误的观测记录①。

这些早期的谬误并未阻止更多的天文学家对海外行星作出预言。从 19 世纪中叶到 20 世纪初的 50 年间，欧洲和美国的天文学家们轮番向海外行星发起了冲击，并取得了如下"战果"：

---

① 这一错误是美国天文学家彼得斯（Christian Peters）所发现的。

- 托德(David Todd)预言了一颗海外行星,轨道半长径为52天文单位。

- 弗莱马力奥(Camille Flammarion)预言了一颗海外行星,轨道半长径为45天文单位。

- 福布斯(George Forbes)预言了两颗海外行星,轨道半长径分别为100和300天文单位。

- 劳(Hans-Emil Lau)预言了两颗海外行星,轨道半长径分别为46.6和70.7天文单位。

- 达利特(Gabriel Dallet)预言了一颗海外行星,轨道半长径为47天文单位。

- 格里戈尔(Theodore Grigull)预言了一颗海外行星,轨道半长径为50.6天文单位。

- 杜林冈德斯(Vicomte du Ligondes)预言了一颗海外行星,轨道半长径为50天文单位。

- 西伊(Thomas See)预言了三颗海外行星,轨道半长径分别为42.25、56和72天文单位。

- 伽诺夫斯基(Alexander Garnowsky)预言了四颗海外行星,但没有提供具体数据。

一时间外太阳系几乎变成了计算天文学的练兵场。在上述计算中,除天王星和海王星的轨道数据外,有些计算(比如弗莱马力奥和福布斯的计算)还利用了某些彗星的轨道数据。但与亚当斯和勒维耶对海王星的预言截然不同的是,天文学家们对海外行星的预言无论在数量、质量、轨道半长径,还是具体方位上都是五花八门。如果一定要从那些预言中找出一些共同之处,那就是"三不":即全都不具有可靠的理论基础,全都不曾得到观测的支持,以及全都不靠谱。

为什么亚当斯与勒维耶预言的海王星参数彼此相近,而人们对海外行星的预言却如此五花八门呢?这个并不深奥的问题终于引起了一位法国天文学家的注意。此人名叫盖洛特(Jean Baptiste Gaillot),他对天王星和海王星的轨道进行了仔细分析，得出了一个直到今天依然正确的结论：那就是在海王星被发现之后，天王星和海王星轨道的观测数据与理论计算在误差许可的范围之内已经完全相符。换句话说，天王星的出轨问题已经因为海王星的存在而得到了完全的解释，**在误差许可的范围之内，根本就不存在所谓天王星的剩余出轨或海王星的出轨问题。**

盖洛特的分析很好地解释了为什么天文学家们有关海外行星的预言如此五花八门，却无一中的。记得很多年前笔者曾经读到过一则小故事，说有三位绘画爱好者去拜访一位名画家。在画家的画室里他们看到了一幅刚刚完成的山水画，那画很漂亮，但令人不解的是，在画的角落上却有一团朦胧的墨迹。这三人深信那团墨迹必有深意，于是便对其含义作出了五花八门的猜测。后来还是画家本人为他们揭开了谜底：原来那墨迹是画家的孙子不小心弄上去的。在天文学家们预言海外行星的故事中，观测与计算的误差仿佛是那团墨迹，它本无深意，醉心于海王星发现史的天文学家们却偏偏要无中生有地为它寻求解释，从而有了那些五花八门的预言。

分析是硬道理，事实更是硬道理，在亲眼目睹了那么多的失败预言后，多数天文学家接受了盖洛特的结论，认为像预言海王星那样从理论上预言海外行星，起码在当时的条件下是不可能的。不过预言海外行星的努力并未就此而终止，因为有两位美国天文学家偏偏不信这个邪，他们誓要将对海外行星的预言进行到底。

24 歧途苦旅

这两位在歧途上奋勇前进的美国天文学家对新行星的预言风格恰好走了两个极端。一位犹如天女散花,四面出击;另一位则谨记传统方法,抱元守一。皮克林(William Pickering)是那位喜欢天女散花的预言者。此人出生在美国的波士顿,这是世界名校哈佛大学与麻省理工学院的所在地,有着厚重的学术沉淀。皮克林有位兄弟担任过哈佛学院天文台(Harvard College Observatory)的台长①,而他本人在天文领域也小有成就,曾于 1899 年发现了土星的一颗卫星,不过他也热衷于研究一些后来被证实为子虚乌有的东西,比如月球上的昆虫和植被。总体来说,皮克林的工作风格不够严谨,这在很大程度上影响了他的学术成就,他一生有过的最高学术职位只是助理教

美国天文学家皮克林

(1858—1938)

---

① 皮克林的这位兄弟名叫爱德华(Edward Pickering),于 1877—1919 年间任哈佛学院天文台的台长。原子光谱中的皮克林线系(Pickering series)就是以皮克林的这位兄弟的名字命名的,他并且还是分光双星(spectroscopic binary)的发现者。

授。皮克林晚年花了大约 20 年的时间研究海外行星,他在这方面的研究很好地示范了他的马虎风格。他虽然是一个人在战斗,但提出的海外行星数量之多,更改之频,信誉之低,以及参数之千差万别,全都堪称奇观。自 1908 年提出第一个预言以来,他先后预言过的海外行星共有 7 颗之多,且四度更改预言,他用英文字母对自己的行星进行了编号。为了对他的"战果"有一个大致了解,我们将他的预言罗列一下(其中行星 U 的轨道虽在海王星以内,却也是为了解释天王星和海王星的"出轨"而提出的;带撇的行星则是相应的不带撇行星的"补丁加强版"):

- 行星 O(1908 年):轨道半长径 51.9 天文单位,质量为地球质量的 2 倍。
- 行星 P(1911 年):轨道半长径 123 天文单位。
- 行星 Q(1911 年):轨道半长径 875 天文单位,质量为地球质量的 20 000 倍。
- 行星 R(1911 年):轨道半长径 6250 天文单位,质量为地球质量的 10 000 倍。
- 行星 O'(1919 年):轨道半长径 55.1 天文单位,质量为地球质量的 2 倍。
- 行星 O''(1928 年):轨道半长径 55.1 天文单位,质量为地球质量的 0.75 倍。
- 行星 P'(1928 年):轨道半长径 67.7 天文单位,质量为地球质量的 20 倍。
- 行星 S(1931 年):轨道半长径 48.3 天文单位,质量为地球质量的 5 倍。
- 行星 T(1931 年):轨道半长径 32.8 天文单位。
- 行星 P''(1931 年):轨道半长径 75.5 天文单位,质量为地球质量的 50 倍。
- 行星 U(1932 年):轨道半长径 5.79 天文单位,质量为地球质量的 0.045 倍。

除孜孜不倦地从事计算外,皮克林还投入了大量的时间亲自搜索这些新行星。可惜他预言的行星虽多,在观测上却一无所获。1908 年,在他完成了自己的第一个预言——对行星 O 的预言——后,他向一位名叫罗威尔(Percival Lowell)的美国天文学家请求了观测方面的协助。这位罗威尔是他

美国天文学家罗威尔
（1855—1916）

的波士顿老乡，而且很巧的是，罗威尔也有一个兄弟在哈佛任职，且职位更牛，曾任哈佛校长①。与皮克林研究月球上的昆虫和植被相类似，罗威尔也热衷于研究一些后来被证实为子虚乌有的东西，比如火星人和火星运河。罗威尔对天文学的主要贡献是，出资在亚里桑那州（Arizona）的一片海拔两千多米的荒凉高原上建立了著名的罗威尔天文台（Lowell Observatory）。这是美国最古老的天文台之一，也是全世界最早建立的远离都市地区的永久天文台之一。这一天文台早期的一个主要使命就是观测火星运河。

皮克林之所以请求罗威尔提供协助，除两人是同乡兼同行外，还有一个原因，那就是皮克林曾在罗威尔天文台的兴建过程中向罗威尔提供过帮助。按说有这么多层的"亲密"关系，罗威尔是没有理由不鼎力相助的。可惜皮克林却有一事不知，那就是罗威尔正是那另一位"不信邪"的美国天文学家，他当时也在从事新行星的搜寻工作，而且已经进行了三年。有亚当斯与勒维耶的海王星之争作前车之鉴，罗威尔对自己在这方面的努力进行了严格的保密，甚至在天文台内部的通信中都绝口不提新行星一词。接到皮克林的请求后，罗威尔暗自心惊。他一方面不动声色地予以婉拒，另一方面则加紧了自己的努力，将精力从火星运河上收了回来，集中到对新行星的研究上来。不过当他看到皮克林的粗糙计算后，立刻就放了心，看来并不是什么人都有能力从事这方面的工作的。自那以后，罗威尔不再避讳提及新行星，他将新行星称为行星 X。

罗威尔寻找新行星的努力最初侧重的是观测，可惜一连五年颗粒无收。自 1910 年起，他决定对新行星的轨道进行计算，以便为观测提供引导。罗威尔的数学功底远在皮克林之上，与后者的漫天撒网不同，罗威尔对新行星的计

---

① 罗威尔的这位兄弟名叫阿伯特（Abbott Lowell），于 1909—1933 年间任哈佛大学校长。

算具有很好的单一性(即相信所有的剩余"出轨"现象都是由单一海外行星造成的)。与亚当斯和勒维耶一样,他首先对新行星的轨道半长径作出了一个在他看来较为合理的假设,然后利用天王星和海王星的"出轨"数据来推算其他参数。在具体的计算上他采用了勒维耶的方法(因为勒维耶发表了完整的计算方法,而亚当斯只发表了一个概述)。

那么新行星的轨道半长径应该选多大呢?罗威尔进行了独特的分析。由于海王星的发现明显破坏了提丢斯-波德定则,因此在寻找海外行星时人们已不再参考这一定则。为此,罗威尔提出了一个新的经验规律,那就是每颗行星与前一颗行星的轨道周期之比都很接近于一个简单分数,比如海王星与天王星的轨道周期之比约为 2：1,土星与木星的轨道周期之比约为 5：2。在此基础上,他提出一个假设,即行星 X 与海王星的轨道周期之比是 2：1。由开普勒第三定律可知(请读者自行验证),这意味着行星 X 的轨道半长径约为 47.5 天文单位。应该说,罗威尔的这个猜测有其高明之处,因为某些行星(或卫星)的轨道之间存在着所谓的轨道共振现象,它们的周期之比的确非常接近简单分数。不过轨道共振并非普遍现象[1],即便出现轨道共振,也没有理由认为行星 X 与海王星的轨道周期之比就一定是2：1[2]。罗威尔自己或许也意识到了这一点,他后来还尝试过两个不同的轨道半长径：43.0 和 44.7 天文单位。1912 年,劳累过度的罗威尔病倒了几个月,但借助四位数学助手的协助,他终于在 1913—1914 年间完成了初步计算,他给出的行星 X 的质量为地球质量的 6.6 倍。

在进行理论计算的同时,罗威尔也没有放弃观测搜寻。他将自己一生的

---

[1] 由于太阳系相邻行星(小行星带也算在内)自外而内的轨道周期之比都在 1～3 之间,即便不存在轨道共振,它们接近于简单分数的概率也不小。感兴趣的读者可以算一下,任意一个 1～3 之间的实数与一个简单分数(比如分子分母都不超过 5)接近到 8％(这是罗威尔的猜测对已知行星的最大误差)以内的概率有多大。

[2] 如果把后来发现的冥王星视为行星 X 的话,它与海王星则的确存在轨道共振现象,只不过它们的周期比是 3：2 而不是 2：1。

最后岁月全都投入到了搜寻新行星的不懈努力之中。可惜的是,他——以及皮克林——的所有努力与以前那些失败的预言并无实质差别。如果把他们投入巨大心力所做的计算比喻为大厦,那么所有那些大厦——无论多么华美——全都是建立在流沙之上的。随着时间的推移,罗威尔的努力越来越被人们所忽视。1915 年初,他在美国艺术与科学学院(American Academy of Arts and Science)所作的一个有关海外行星搜索的报告受到了学术界与公众的双重冷遇,他的文章甚至被科学院拒收。自那以后,罗威尔对新行星的热情一落千丈,而他的生命之路也在不久之后走到了尽头。

　　1916 年,罗威尔带着未能找到行星 X 的遗憾离开了人世。在他一生的最后五年里,罗威尔天文台积累了多达 1000 张的照相记录,在那些记录中包含了 515 颗小行星,700 颗变星①,以及——他万万不曾想到的——新行星的两次影像②! 这真是:有缘千里来相会,无缘对面不相逢。

---

　　① 变星通常显示为亮度变化的天体,与移动天体明显不同。但有些变星在亮度变小后会因为比相片所能记录的最暗淡的天体还要暗,而从相片中消失,这样的变星在闪视比较时很像是一颗移出(或移入)相片范围的移动天体。

　　② 那是 1915 年 4 月 7 日由他的助手比尔(Thomas Bill)所做的观测记录,那时罗威尔自己已不再从事观测。

25　农家少年

罗威尔虽然去世了，但他为自己的未竟事业留下了一份最宝贵的遗产，那就是罗威尔天文台。他还在遗嘱中留出了超过一百万美元作为天文台的运作经费，这在当时是一个巨大的数目。可惜的是，第一次世界大战的爆发彻底终止了像寻找新行星那样的"小资"活动。更糟糕的是，罗威尔的遗孀因不满财产分配而发起了一场诉讼官司，这场官司不仅阻碍了天文台的运作，而且耗去了罗威尔留给天文台的那笔经费的很大一部分。经历了这些波劫的天文台直到 1927 年才重回正轨，可经费却已变得拮据。这时候，罗威尔那位担任哈佛校长的哥哥伸出了援助之手，向天文台捐赠了一万美元。在此基础上，天文台开始装备一台口径 13 英寸的照相反射望远镜(图 12)。

图 12　发现冥王星所用的望远镜

不过世事变迁对罗威尔天文台的影响不仅体现在财务上，也涉及了学术。当时罗威尔的多数工作(比如对火星运河的观测)已被天文学界判定为是毫无价值的，而大半个世纪以来有关新行星的天女散花般的"预言"也早已信誉扫地。天文台是否还要继承"罗威尔道路"呢？罗威尔生前从事的寻找新行星的工作是否还要继续呢？这是罗威尔天文台面临的一个新的十字路口。在这个路口上，天文台的资深天文学家们大都作出了与当年那些错过了海王星的天文学家们一样的选择，即用其他任务填满自己的工作日程，不再抽时间从事新行星的搜索。对于一般的天文台来说，这应该就是新行星故事的终结了。不过罗威尔天文台终究不是一般的天文台，它并未完全忘记创始人罗威尔的心愿。虽然不可能再以新行星搜索为工作重心，但它当时的托管人——罗威尔的外甥普特南(Roger Putnam)——决定招募一名观测助理来从事新行星的搜索。

说来也巧，恰好就在这时，一封来自堪萨斯州(Kansas)的求职信寄到了天文台，求职者是一位 22 岁的农家少年。

美国天文学家汤博

(1906—1997)

这位少年名叫汤博(Clyde Tombaugh)，1906 年 2 月 4 日出生在伊利诺伊州(Illinois)，16 岁时随父母迁居到堪萨斯州。受他叔叔的影响，汤博从小喜爱天文。由于家境贫寒，加上父母生育了 6 个孩子，汤博中学毕业后只能辍学在家。他白天帮家里干农活，晚上则沉醉于观测无穷无尽的星空。由于没钱购买合适的望远镜，汤博用废弃的船舱玻璃、木板及农机零件，自己动手制作了口径为 7 英寸和 9 英寸的望远镜。

如果不是 1928 年的一场突如其来的冰雹，汤博的一生也许就这样静静地在农庄里度过了。那一年，汤博家的庄稼长势极好，却在收获季节来临之前毁于冰雹。这场变故让汤博觉得应该找一个更可靠的职业来资助家里。于是他向当时自己知道的唯一一个天文台——罗威尔

天文台——发去了求职信，并在信中附上了自己的一些笔记和图片。

一位务农在家且只有中学学历的小伙子能引起罗威尔天文台的注意吗？很幸运，答案是肯定的。汤博在求职信中所附的笔记和图片给罗威尔天文台的台长斯莱弗（Vesto Slipher）留下了很好的印象。他制作望远镜的手艺也正是罗威尔天文台所需要的，因为天文台的 13 英寸照相反射望远镜当时正在装配之中。甚至连他的务农经历对斯莱弗来说也显得很亲切，因为斯莱弗本人及天文台的另外两位资深天文学家小时候都有过类似的经历。

1929 年 1 月，汤博乘坐了整整 28 小时的长途火车抵达罗威尔天文台，成为了天文台的一名观测助理。不久之后，在他的参与下，天文台的 13 英寸照相反射望远镜完成了装配及调试工作。

1929 年 4 月，年轻的汤博正式走上了寻找海外行星的征途。

与发现天王星及海王星的时代相比，天文观测的手段，尤其是对暗淡天体的观测手段，已经有了很大的改善。早期的观测需要观测者对天体坐标进行手工记录，这对于观测暗淡天体来说是极为不利的。因为夜空中越是暗淡的天体，数量就越多。当所要观测的天体暗淡到一定程度时，需要排查的天体数量就会多到让手工记录成为不可承受之重。为了解决这一问题，天文学家们将照相技术引进到了天文观测之中。这样，手工记录的天体坐标就由相片所替代，而原先需要通过核对坐标来做的寻找新行星的工作，则可以通过对不同时间摄于同一天区的相片进行对比来实现。

罗威尔当年采用的就是这样的方法。这种方法免除了对天体坐标进行手工记录的麻烦，但并不意味着天文观测从此变得轻松了。事实上，在所要寻找的天体足够暗淡时，即便这样的方法也充满了困难。因为一张相片往往会包含几万甚至几十万个星体，对比排查的任务极其艰巨，几乎达到了肉眼不可能胜任的程度。而且需要对比的星体越多，就越容易因疏忽而丢失目标。为此，天文学家们又采用了一种新的仪器，叫做闪视比较仪（blink comparator）。这种仪器的工作原理很简单，就是将需要对比的相片彼此叠合、快速切换。显然，位置或亮度发生过变化的天体将会在相片的切换过程中显示出跳跃或闪烁，从而变得很显眼。更有利的是，闪视比较仪还可以与光学放大系统结合在一起，进一步提高分辨率。有鉴于此，罗威尔天文台的天文学家们早在罗威尔还在世时，就曾多次建议罗威尔购买闪视比较仪，并在1911年罗威尔的生日派对上成功说服了罗威尔。

不过闪视比较仪的设想虽然高明，真正使用起来却不是一件容易的事情，因为对同一天区的两张相片只有在拍摄角度、曝光强度、胶卷冲洗等方面都保持高度的一致，才能获得良好的闪视比较效果。否则的话，连那些背景天体也会因为相片本身的人为差异而显示出变化。为了获得最佳的对比效果，汤博细心归纳了在不同天气条件下所需的曝光时间，并选出了一些明亮天体作为校正角度的参照点。他对每个天区都进行三次拍摄，以便从中选出两张最接近的相片进行对比。

26　寒　夜　暗　影

　　汤博的搜索工作从接近罗威尔预言的巨蟹座开始。起初他只负责拍摄，闪视比较的工作则交由另一位天文学家进行。1929 年 4 月 11 日，汤博的搜索工作刚刚进入第 5 天，就成功地拍摄到了新行星的倩影。19 天后，他在对同一天区进行拍摄时再次将新行星摄入了相片。可惜的是，4 月 11 日的照相胶片因天气寒冷而产生了裂缝，并且记录本身也因太接近地平线而受到了大气折射的干扰，进一步影响了质量。负责闪视比较的天文学家没能从数以万计的天体中发现这组记录，从而错过了一次可能的发现。这是继罗威尔时代的两次影像之后，新行星又一次躲过了罗威尔天文台的搜索。

　　几个月后，负责闪视比较的天文学家越来越忙于其他工作，很难抽出时间从事闪视比较，汤博便决定将这项工作接到自己手上。自那以后，他每个月用一半的时间从事观测，另一半的时间用来做闪视比较。由于相片上的天体实在太多[①]，为避免数量压倒质量，汤博将每张相片都分割成很多小块，每块包

---

　　① 汤博的每张相片平均约包含十六万个天体，对银河系中心方向拍摄的相片上则有多达一百万个天体。

含几百个天体。显然,这是一项高度重复,并且极其枯燥的工作。一般来说,
检查几平方英寸的相片就会花去一整天的时间。当然,要说其中一点兴奋之
处也没有,那倒也不是,时不时地汤博会看到一些变动的天体。不过,这时可
不能高兴得太早,因为有很多鱼目混珠的天体会让人误以为找到了目标。事
实上,汤博在每组相片中都会看到几十个那样的天体。可惜它们要么是变
星①,要么是小行星、彗星或已知的行星,却没有一颗是新行星。这种“狼来
了”的虚假天体见得多了,非但不能再带来兴奋,反而容易使人产生麻痹心理。
但汤博始终保持着高度的敏锐和冷静,既不放过半点可疑之处,也从未作出过
任何错误的宣告。

又过了几个月,一无所获的汤博决定不再以罗威尔的预言为参考,毕竟他
老人家的“预言”就像火星运河一样,口碑并不高,再紧盯下去有在一棵树上吊
死的危险。作出了这一决定后,汤博将搜索范围扩大到了整个黄道面的附近,
他的这一决定终结了罗威尔的预言对他搜索工作的帮助,因为这时的他已经
走上了类似于巡天观测的道路。

1929 年在繁忙的观测中悄然逝去,汤博在亚里桑那州寒冷高原的观测室
里几乎沿黄道面搜索了一整圈。1930 年 1 月,他的望远镜重新转回到了最初
搜索过的天区。唯一不同的是,上一次是别人在帮他做闪视比较,而现在却是
他本人在做。

1 月 21 日,那个九个多月前曾经落网,却在闪视比较时从网眼里溜走的
暗淡天体再次出现在了汤博的相片上——当然,这时候虽然“天知地知”,汤博
本人却还不知道。1 月 23 日和 29 日,在高原寒夜的极佳观测条件下,汤博完
成了对这一天区的第二和第三次拍摄。

2 月 15 日,汤博开始检查后两次拍摄的相片。还是老办法,先分割,然后

---

①　变星通常显示为亮度变化的天体,与移动天体明显不同。但有些变星在亮度变小
后会因为比相片所能记录的最暗淡的天体还要暗,而从相片中消失,这样的变星在闪视比
较时很像是一颗移出(或移入)相片范围的移动天体。

一片一片地进行闪视比较。2月18日下午4时，他在对比以双子座δ星为中心的一小片天区的相片时，发现了一个亮度只有15等的移动星体。

就像曾经无数次重复过的那样，汤博对这一天体进行了仔细的查验。45分钟之后，除新行星外的其他可能性逐一得到了排除，兴奋不已的汤博找到资深天文学家兰普朗德（Carl Lampland），告诉他自己终于找到了新行星。已在罗威尔天文台工作了28年的兰普朗德幽默地回答说他早已知道了，因为他注意到了一直忙碌着的闪视比较仪的声音突然停止，并变成了长时间的静寂。小伙子一定是发现了什么。

很快，天文台的几位资深天文学家与汤博一起冲进工作室，开始紧张地复查。经初步确认后，斯莱弗台长决定对这一天体先进行一段时间的跟踪观测，然后再对外公布。斯莱弗的这个决定既是出于谨慎，也暗藏着一些私心，因为他想利用这段时间积累观测数据，以便在接下来的新行星轨道计算中夺得先机。

在接下来的一个月的时间里，在天气许可的每一个夜晚，所有其他工作通通被抛到了爪洼国，罗威尔天文台把全部的观测力量都投入到了对新天体的观测之中。这时候，再没有什么任务能比曾被当成鸡肋的新行星观测更重要了。

1930年3月13日，罗威尔天文台正式对外宣布了发现新行星的消息。这一天是罗威尔诞辰75周年的日子。149年前，也正是在这一天，赫歇耳发现了天王星。

不久之后，罗威尔天文台的天文学家投票从来自全世界的候选名字中选出了新行星的名字：普卢托（Pluto），它是罗马神话中的地狱之神。说起来令人难以置信，首先提议这一名称的竟是英国牛津的一位年仅11岁的小女孩，她曾经学过经典神话故事并且很感兴趣，于是就提议用地狱之神命名这颗离太阳最远，从而最寒冷的新行星①。在中文中，这一行星被称为冥王星。

---

① 普卢托（Pluto）这位地狱之神还被用于命名1934年发现的第94号元素钚（plutonium）。1945年8月9日，用这一元素制作的原子弹将日本城市长崎带入了地狱。

　　冥王星的发现让崛起中的美国科学界欣喜不已，在欧洲天文界垄断重大天文发现这么多年之后，幸运之神终于溜达到了美利坚，一些美国媒体兴奋地将新行星称为"美国行星"。但当时也许谁也不会想到，这个以地狱之神命名的新天体在天堂里待了76年之后，竟会从行星宝座上跌落下来，堕回"地狱"。

　　读者们也许还记得，汤博对冥王星的搜索，是从接近罗威尔预言的位置开始的，他曾经记录过冥王星的位置，只是未被认出。而当他正式发现冥王星的时候，他在黄道面附近完成了一整圈的搜索，又重新回到了起始时的天区。这表明冥王星的位置距离罗威尔的预言并不远。事实上，冥王星被发现时的位置与罗威尔1914年所预言的行星X在1930年初的位置只相差6°[1]，这虽不像海王星的预言那么漂亮，却也不算太差。继海王星之后，天体力学似乎又一次铸造了辉煌。发现新行星的消息被宣布后的第二天，哈佛学院天文台台长沙普利（Harlow Shapley）在费城的一次小范围演讲被临时换到了一个大场地，因为他决定在演讲中加入有关新行星的消息。那一天，数以千计的听众挤满了演讲大厅。当久违了的罗威尔相片出现在投影仪上时，全场响起了雷鸣般的掌声。听众们用发自内心的掌声向这位已故的天文学家致敬。此情此景，因研究火星运河而遭冷遇的罗威尔若泉下有知，也当含笑了。

　　但是，冥王星的发现果真是继海王星之后天体力学的又一次伟大胜利吗？

---

　　① 冥王星被发现时的位置距皮克林1928年修正后的行星O的位置也只差6°左右，不过皮克林的计算信誉太低，很少有人当真。

27 大 小 之 谜

　　冥王星被发现之后,天文学家们很快就对它的轨道及大小进行了研究。在这两方面,冥王星都显现出很大的特异性。这其中轨道研究相对比较容易,短短几个月后就大体确定了主要的轨道参数,其中半长径约为 39.5 天文单位,椭率约为 0.248,倾角约为 17.1°。与其他八大行星相比,这是一个相当另类的轨道,它的椭率与倾角都是创纪录的。由于轨道椭率很大,冥王星有时甚至会比海王星离太阳更近,这种轨道交错现象在已知行星中是绝无仅有的。而由于轨道倾角很大,冥王星在多数时候都处在离黄道面较远的位置上,因而特别不易被发现。但幸运的是,汤博搜索冥王星的那段时间,恰好是冥王星离黄道面较近的时候。

　　冥王星的轨道参数虽然很快就被确定了,但确定它的大小——这个大小既是几何意义上的,也是质量意义上的——却向天文学家们提出了一个极大的挑战。因为人们很快就发现,无论用什么样的望远镜也无法让冥王星显示出行星应有的圆面。自望远镜问世以来,除了将小行星当成行星的那些年(参阅第 7 章)外,这种无法显示行星圆面的情形还从未发生过。当然,天文学家们对此倒也并非无心理准备,冥王星被发现时的亮度只有 15 等,比人们预期的暗淡得多①，除非冥王星表面物质的反光率低得异乎寻常，否则这样的暗淡只能有一个解释：那就是冥王星比人们预期的小得多。

那么冥王星究竟有多小呢？天文学家们用了几十年的漫长时光才搞明白了答案。

由于无法观测到圆面，天文学家们惯用的通过几何手段确定行星直径的方法在冥王星这里遭到了滑铁卢，取而代之的是通过亮度间接推断直径这一不太可靠的方法。这一方法之所以不可靠，是因为行星的亮度与直径并不存在固定的关系。同样亮度的行星，若表面物质的反光率高，它的直径就小；反之，若表面物质的反光率低，则直径就大。对于像冥王星那样遥远的新行星，当时的天文学家们并无任何办法确定其表面物质的反光率，因此虽然知道亮度，却无法准确估计它的直径。既然连直径都无法准确估计，对质量的估计自然就更困难了，因为后者还依赖于一个新的未知数：冥王星物质的平均密度。

虽然没有可靠的方法，天文学家们还是对冥王星的质量进行了粗略估计。1930—1931 年间，天文学家们估计的冥王星质量约在 0.1 到 1 个地球质量之间。与现代数据相比，这是非常显著的高估。但即便是这些高估了的数据，也立刻就对罗威尔有关冥王星的"预言"造成了毁灭性的打击。读者们也许还记得，我们在第 24 章中曾经介绍过，罗威尔给出的行星 X 的质量约为地球质量的 6.6 倍。如果冥王星的实际质量只有 0.1 到 1 个地球质量，那它对天王星或海王星轨道的影响显然要远远小于罗威尔的计算，而罗威尔通过那种错误的影响对冥王星位置所作的反推则不可能是正确的。因此在冥王星被发现后不久，人们就已意识到，冥王星的发现并不是海王星神话的重演。**冥王星在距罗威尔的预言只差 6°的地方被发现，是纯粹的巧合②**。

有读者也许会问：我们在第 20 章中曾经提到过，亚当斯与勒维耶对海王

---

① 比如罗威尔所预测的冥王星亮度为 13 等。

② 这一巧合的概率并不很小，因为罗威尔对行星 X 的位置预言其实有两处（彼此相差 180°），在其中任何一处的左右 6°范围之内发现新行星的概率约为 1/15（请读者自行计算一下）。

星质量及轨道的预测与海王星的实际参数也有不小的出入。为什么那些出入并不妨碍我们将海王星的发现视为巨大的天体力学成就呢？这首先是因为，亚当斯与勒维耶的海王星轨道计算是依据确凿存在的天王星出轨现象进行的，因此其观测依据是充分的；其次，20世纪七八十年代曾有人对亚当斯与勒维耶的计算细节进行了"复盘"，结果表明他们的计算细节也是完全有效的①。反观罗威尔有关冥王星的"预言"，虽然在计算方法上效仿了勒维耶，但它依据的所谓天王星与海王星的"出轨"数据是子虚乌有的，因而整个计算只是一场"空对空"的演练。另一方面，由于罗威尔的"预言"很快就被判定为无效，后人也就没兴趣去复核他的计算细节了，他在这方面犯错的可能性也是完全存在的。因此，对冥王星的"预言"并不是海王星神话的重演，不仅在理论上不是，而且在实际上——如我们在上章中所说——也并未对冥王星的发现起到引导作用，冥王星的发现者汤博是在搜遍了黄道面之后才发现冥王星的。

虽然罗威尔有关冥王星的预言很快就被推翻了，但人们对冥王星大小的推算却仍在继续。直到冥王星被发现40年后的20世纪70年代初，人们对冥王星质量的估计仍大体维持在0.1到1个地球质量之间，这些估计与现代值相比都大得离谱。虽然推算冥王星的质量不是一件容易的事情，但在那么多年的时间里，那么多天文学家所作的那么多估算竟然一面倒地巨幅高估冥王星的质量，这其中不能说没有心理上的原因。这原因就是自木星开始，太阳系的外行星是清一色的巨行星，而冥王星又一经发现就被认定为是行星。虽然冥王星已绝无可能是巨行星，但天文学家们显然还没有足够的心理准备来接受有关它大小的真相。

我们在前面说过，同样亮度的行星，表面物质的反光率越低，相应的直径就越大。为了让冥王星维持一个体面的大小，天文学家们不惜将它"抹黑"为一个表面反光率极低、如同巨型煤球一样的天体。而事实上，在冥王星那样遥

---

① 1970年，一位名叫布鲁克斯(C. J. Brookes)的研究者对亚当斯的方法进行了分析，结论是它的确可以得到精度在几度之内的结果。1980年，另一位研究者巴格代迪(Baghdady)对勒维耶的方法进行了复盘，结果得到了误差仅为16′的结果。这些验证表明亚当斯与勒维耶的计算方法都是有效的。

远而寒冷的行星上，很多气体都能凝结成冰，冥王星是一个具有较高表面反光率的"冰球"的可能性要比它是"煤球"的可能性大得多。这一显而易见的可能性被错误地蒙蔽了几十年，直到 20 世纪 70 年代中期，才终于被确立了起来。反光率的调整立即对冥王星的质量估算产生了巨大影响，它的质量估计值一举缩小了两个数量级，不仅比所有其他行星都小得多，甚至变得比月球还小。这也为它日后的命运沉沦埋下了种子。

不过，依靠对那样遥远的一个天体的表面反光率及物质密度的研究来推断其质量，无论如何只能算是下策。估计冥王星质量的最佳途径，显然是越过所有这些与冥王星物质有关的细节来直接估计其质量。这样的途径在 1978 年成为了现实。1978 年 6 月 22 日，美国海军天文台（Naval Observatory）的天文学家们发现了冥王星的卫星卡戎（Charon，希腊神话中摆渡亡灵的神）（图 13）。在行星天文学上，一颗行星一旦被发现有卫星，我们就可以通过观测卫星的运动来测定该行星的引力场，既而推断其质量，这是测定天体质量最有效的手段之一。因此卡戎的发现为直接估计冥王星的质量提供了极好的条件。（请读者们想一想，中学物理课本中的哪一条定律有助于利用卡戎来确定

图 13　从冥卫三看冥王星与卡戎（冥卫一）的艺术想像画

冥王星的质量?)①

如今我们知道,冥王星的质量只有地球质量的 0.21%(图 14),它绝不可能是罗威尔或其他任何人所预言的海外行星,它对天王星和海王星的引力摄动甚至还不如作为内行星的地球对它们的引力摄动来得大。1993 年,美国加州喷气动力实验室的科学家斯坦迪什(Erland Myles Standish,Jr)利用"旅行者号"飞船所获得的有关木星、土星、天王星和海王星的最新质量数据重新计算了外行星的轨道摄动,并再次证实了的确不存在天王星和海王星的出轨问题,不存在需要用新行星来解释的偏差。冥王星的发现完全是一个多重错误导致的奇异果实:罗威尔对冥王星轨道的计算是依据错误数据所做的无效分析;汤博对冥王星的搜索则是源于罗威尔天文台对一个错误心愿的盲目继承。

图 14 冥王星(左上)与地球的大小对比

而所有这一切的错误之所以最终结出了一个如此美丽的果实,全靠汤博在寒冷的亚里桑那高原上为期十个月的顽强搜索,这是整个冥王星故事中唯一的必然。

---

① 通过卡戎的运动直接测定的其实是冥王星与卡戎这一行星-卫星系统的总质量。对于其他行星来说,这几乎就等于行星的质量。但冥王星与卡戎却是一个引人注目的例外,因为卡戎的质量相当大(约为冥王星质量的11.65%)。因此用引力效应测定冥王星的质量时还牵涉到确定卡戎与冥王星的相对质量这一额外的复杂性。

28 深空隐秘

发现冥王星之后,汤博并未离开寻找太阳系疆界的孤独事业,他投入了另外 13 年的漫长时光,继续搜索更遥远的行星。他的搜索范围超过了整个夜空的 2/3,他所涵盖的最低亮度达到了 17 等,他对比过的天体多达九千万个。在那 13 年里,他发现了 6 个星团、14 颗小行星及一颗彗星,但却没能发现任何冥王星以外的新行星。

那么,冥王星轨道是否就是太阳系的疆界呢? 既然观测一时还无法回答这个问题,天文学家们便展开了理论上的探讨。不过那探讨不再是像亚当斯与勒维耶那样的精密计算。由于冥王星的发现已属巧合,在那之后的天文学家们即使在做梦的时候,恐怕也很少会再幻想重演一次笔尖上预言新行星的奇迹了。但是,精密的预言虽不可能,粗略猜测一下太阳系的疆界在哪里却还是可以的。

那样的猜测几乎立刻就出现了。冥王星发现之初,美国加州大学的天文学家利奥纳德(Frederick C. Leonard)就猜测冥王星的发现有可能意味着一系列海外天体(trans-Neptunian object,TNO)将被陆续发现。应该说,在经历了天王星、海王星及冥王星的发现之后,单纯作出这样一个猜测已无需太高级的想象力了。不过,比单纯猜测更有价值的是,1943 年爱尔兰天文学家埃奇沃斯(Kenneth Edgeworth)提出的稍具系统性的观点。

在介绍埃奇沃斯的观点之前,让我们稍稍介绍一下太阳系的起源学说。在科学上,几乎任何东西——人类、生命、地球乃至宇宙——的起源都是值得探究的课题,太阳系的起源也不例外。自 18 世纪康德(Immanuel Kant)和拉普拉斯(Pierre-Simon Laplace)彼此独立地提出了著名的星云假说以来,天文学家们关于太阳系起源的主流观点是,太阳系是由一个星云演化而来的。这其中行星的形成,乃是来自于星云盘上的物质彼此碰撞吸积的过程。

按照这种理论,行星形成过程的顺利与否与星云物质的密度有很大的关系。星云物质的密度越低,则引力相互作用越弱,星云盘上物质相互碰撞的几率越小,从而吸积过程就越缓慢,行星的形成也就越困难。当星云物质的密度低到一定程度时,行星的形成过程有可能缓慢到在太阳系迄今 50 亿年的整个演化过程中都无法完成,而只能造就一些"半成品":小天体。埃奇沃斯认为,海王星以外的情形便是如此。那里的星云物质分布是如此稀疏,以至于行星的形成过程无法进行到底,而只能形成为数众多的小天体。由此他提出,人们将会在海王星之外不断地发现小天体,且那些小天体中的某一些会偶尔进入内太阳系,成为彗星。

美籍荷兰裔天文学家
柯伊伯(1905—1973)

无独有偶,1951 年,美籍荷兰裔天文学家柯伊伯(Gerard Kuiper)也注意到了太阳系物质分布在海王星之外的急剧减少。与利奥纳德类似,他也认为那样的物质分布会形成一系列小天体而非大行星[①]。但与利奥纳德以及后来的天文学家们不同的是,柯伊伯认为那些曾经存在过的小天体早已被冥王

————————

① 柯伊伯并未在自己的论文中提及埃奇沃斯的工作,这一点使得后来有历史学家对他是真的不知道埃奇沃斯的工作,还是暗中"借用"了对方的想法产生了疑问。

星的引力作用甩到了更遥远的区域，不会再存在于距太阳 30～50 天文单位的区域中了。换句话说，他认为在冥王星轨道的附近曾经有过大量的小天体，**但目前已不复存在**。在这点上，柯伊伯犯了一个可以原谅的错误，他以为冥王星的质量接近于地球质量（这在当时被认为是有可能的），从而有足够的引力来做到这一点。而事实上，如我们在上章中介绍的，冥王星的质量只有地球质量的 0.21%。

埃奇沃斯与柯伊伯的想法在接下来的十年间并未引起重视。但常言道：是金子总会发光的。一个合理的想法纵然一时沉寂，终究还是会复活的。1962 年，在美国工作的加拿大天文学家卡梅伦（Alastair Cameron）提出了类似的看法。两年后，美国天文学家惠普尔（Fred Whipple）也加入了这一行列。惠普尔的研究比前面几位更加深入，除了猜测在海王星之外存在类似于小行星带的结构外，他还试图研究那些小天体对天王星和海王星轨道的摄动，但没能得到可靠的结果。1967 年，惠普尔及其合作者又研究了七颗轨道延伸到天王星之外的彗星，试图寻找来自海外天体的引力干扰，结果也未发现任何可察觉的干扰。由此他们估计出那些小天体——如果存在的话——的**总质量**必定远小于地球质量。他们的这一估计在如今看来是颇有前瞻性的，但在当时却是一个有点令人沮丧的结果，因为它意味着观测那些小天体将会是一件非常困难的事情。

除了这些从太阳系起源角度所做的分析外，天文学家们从另一个完全不同的角度出发，也殊途同归地提出了海王星以外存在大量小天体的假说。这个不同的角度便是彗星的来源。彗星是太阳系中最令人瞩目的天体，当它们拖着美丽的尾巴（彗发）出现在天空中时，常常是万人争睹的天象。天文学家们把太阳系中的彗星按轨道周期的长短大致分为两类：一类是长周期彗星，它们的轨道周期在两百年以上，长的可达几千、几万、甚至几百万年。另一类则是短周期彗星，它们的轨道周期在两百年以下，短的只有几年。短周期彗星的存在给天文学家们带来了一个难题。因为这些彗星上能够形成彗发的挥发性物质会因频繁接近太阳而被迅速耗尽，而且它们的轨道也会因反复

受到行星引力的干扰而变得极不稳定。计算表明，短周期彗星的存在时间应该很短，相对于太阳系的年龄来说简直就是弹指一瞬。但我们却在直到太阳系诞生 50 亿年之后的今天仍能观测到不少命如蜉蝣般的短周期彗星，这是为什么呢？天文学家们认为，唯一的可能是太阳系中存在一个短周期彗星的补充基地。

这个短周期彗星的补充基地究竟在哪里呢？1980 年，乌拉圭天文学家费尔南德斯（Julio Fernández）提出了一个后来被普遍接受的假说，即短周期彗星来自海王星之外的一个小天体带。他并且推测那些小天体的视星等约在 17~18 之间（比汤博曾经搜索过的天体更暗，但这个亮度后来被证实为仍是显著的高估）。在他颇具影响力的论文中，费尔南德斯援引了柯伊伯的文章，却忽略了埃奇沃斯的工作。费尔南德斯的这一粗心大意导致的后果是，人们多少有点乌龙地用柯伊伯的名字命名了那个小天体带。而事实上，如我们在上面提到的，在所有曾经猜测过那个小天体带的天文学家中，柯伊伯几乎是唯一一个认为它目前已不复存在——从而与费尔南德斯的假说及后来的观测结果截然相反——的人。费尔南德斯的假说提出之后，1988 年，几位在美国加州大学及加拿大多伦多大学工作的天文学家通过计算机模拟手段，对这一假说进行了检验。他们的检验表明，由那样一个小天体带所产生的短周期彗星无论在数量还是轨道分布上都与实际观测有着不错的吻合。

因此，到了 20 世纪 80 年代末，来自不同角度的理论分析均表明，在海王星的轨道之外很可能存在一个小天体带，它是行星演化过程中的半成品，同时也是短周期彗星的大本营。但到那时为止，那个遥远的天区除了一颗孤零零的冥王星外，在观测意义上还是一片虚空。

距离给了外太阳系神秘的面纱，天文学家们却要揭开面纱来寻找隐秘。

29 巅 峰 之 战

在经历了追捕小行星的波折,发现海王星的纷争,搜寻火神星的未果,以及预言冥王星的虚无之后,在太阳系边缘搜索新天体的苦力活早已失去了往日的魅力。行星这个曾经神圣的概念渐渐变成了如美国物理学家费恩曼(Richard Feynman)在其名著《费恩曼物理学讲义》中所说的"那 8 个或10 个遵循相同物理定律,由同样的尘埃云凝聚而成的球体"。在 20 世纪天文学发展的迅猛浪潮中,行星天文这个最古老的分支甚至一度整体性地沦落为了二流学科,以至于 20 世纪 60 年代,当美国国家航空航天局(NASA)为行星探测计划寻求咨询时,为天文学家们在这一分支上的知识贫乏而感到惊讶。后来,随着六七十年代美国与前苏联的一系列无人探测器计划的成功实施,行星天文学虽然重新成为了焦点领域,但与此同时,行星天文学家们的目光却也被吸引到了行星地貌、行星物理、行星化学等新兴方向上,对搜索新天体的兴趣依然低迷。

不过,当有关海外天体的猜测变得越来越言辞凿凿时,外太阳系的奥秘终于还是再次引起了一小部分天文学家的关注与喜爱。这其中麻省理工学院的一位天文学家决定化"爱心"为行动,展开对海外天体的观测搜索。这位天文学家名叫朱惠特（David Jewitt），来自英国。朱惠特七岁那年曾有幸目睹过一次流星雨，年幼的他被天象的美丽与神奇所吸引。20 世纪 70 年代后期，美国国家航空航天局发布的美轮美奂的行星及卫星图像再次打动了当时正在伦敦念本科的朱惠特。他决定选择行星天文学作为自己的专业，并前往美国念研究生。1983 年，朱惠特在美国加州理工大学获得了博士学位，随后成为了麻省理工学院的助理教授。在那里，他遇到了重要的学术合作伙伴刘简（Jane Luu）[1]。刘简是一位出生于越南的女孩，1975 年随父母逃难来到美国。与朱惠特一样，刘简也是被美国国家航空航天局的行星与卫星图像所吸引，而选择了行星天文学作为自己的专业。朱惠特在麻省理工学院的时候，刘简正在那里念研究生。

1987 年的某一天，当朱惠特和刘简在系里相遇时，朱惠特提议刘简参与自己即将开始的搜索海外天体的工作。这是自冥王星被发现之后将近半个世纪的时间里极少有人问津的冷门观测。刘简问朱惠特："为什么要做这样的观测？"朱惠特的回答是："如果我们不做，就没人做了。"听起来颇有几分"我不入地狱，谁入地狱"的悲壮。刘简被这个简短的回答所打动，一场历时五年的漫长搜索由此揭开了序幕。

朱惠特与刘简最初的观测地点是位于亚里桑那州的美国基特峰国家天文台（Kitt Peak National Observatory）及南美洲的塞罗托洛洛天文台[2]，他们最初采用的观测方法类似于汤博当年所用的方法，即通过对间隔一段时间拍摄的同一天区的相片进行闪视比较，来寻找缓慢运动的天体。当然，半个世纪之后的朱惠特与刘简所拥有的设备已非汤博当年可比，唯一不变的是任务本身的繁重、枯燥，以及用眼过度产生的疲惫。经过了一段时间的搜索，朱惠特与

---

① 　按照用姓氏称呼外国人名的惯例，Jane Luu 应该被称为刘（"Luu"在越南语中的发音为"刘"），不过考虑到一个字的中文名用起来比较别扭，本书将 Jane Luu 按全名译为刘简。

② 　我们曾在第 20 章中提到过这个天文台，海王星档案就是在那里失而复得的。塞罗托洛洛天文台虽远在智利，却是美国国家光学天文台（National Optical Astronomy Observatory）的一部分。

刘简一无所获，他们辛苦寻获的运动天体无一例外地被证实为是已知天体、胶片缺陷、灰尘或宇宙线造成的影像。

幸运的是，就在这时，一项让整个光学观测领域脱胎换骨的新兴技术——电荷耦合器件（Charge Coupled Device，CCD）——进入了天文界。CCD 是 1969 年由美国贝尔实验室（Bell Labs）的两位科学家发明的、一种可以取代传统胶片的感光器件。CCD 的最大优点是具有极高的敏感度，能对 70％甚至更多的入射光作出反应，而普通照相胶片的这一比例还不到 10％。真是不比不知道，一比吓一跳。要知道朱惠特与刘简所寻找的是离太阳几十亿千米之外的小天体，它们自身并不发光，全靠其表面反射的太阳光才能被我们所发现。在那样遥远的距离上，太阳的光芒只有约一亿亿分之一能够照射到那些小天体上。那部分光线有的被吸收，有的被反射，那些反射光必须再次穿越广袤的行星际空间，其中只有约一万亿分之一能够来到地球。而在那"亿里迢迢"来到地球的反射光中，恰好能进入望远镜的又只有其中的约一百万亿分之一。这是何等宝贵的"星星之火"？可这宝贝却还要被该死的照相胶片忽略掉 90％以上，这真是"生可忍，熟不可忍"（韦小宝语）。

因此 CCD 的使用对于观测天文学来说堪称是一场革命。不过 CCD 虽然在感光性能上遥遥领先于普通胶片，在一开始却也有一个很大的缺陷，那就是像素太少。朱惠特与刘简最初使用的 CCD 的有效像素仅为 242×276，相当于如今一台普通数码相机像素数量的 1％。由此带来的后果是，每张 CCD 相片涵盖的天区面积只有他们以前所用的普通光学相片的千分之一。换句话说，原先分析一组相片就能覆盖的天区，如今却要分析一千组相片。但幸运的是，CCD 所采用的独特的感光方式为计算机对比相片开启了方便之门，从而大大减轻了对肉眼的依赖。而更重要的是，对于特别暗淡的天体，普通胶片有可能因为敏感度不够而无法记录，这时 CCD 的优势更是无与伦比。因此，当 CCD 进入天文观测领域后，朱惠特与刘简便决定用它取代照相胶片。

这时候，朱惠特与刘简的观测地点也发生了变化。1988 年，朱惠特接受了夏威夷大学天文研究所的一个职位。不久，刘简也来到了夏威夷，两人利用夏威夷大学所属的茂纳基雅天文台（Mauna Kea Observatory）（图 15）的一台口径2.24米的望远镜继续他们的海外天体搜寻工作。茂纳基雅是夏威夷语，含义是"白山"，那里常年积雪，而茂纳基雅天文台的所在之处正是白山之巅，海拔高达 4200 米（比汤博所在的罗威尔天文台高了一倍）。那里的空气稀薄而干燥，氧气的含量只有海平面的 60%，常人在那里很容易出现高原反应，大脑的思考及反应能力也会明显下降。为了减轻高原反应的危害，天文学家们像登山者一样，在海拔较低（3000 米）的地方建立了营地。要去天文台的天文学家通常提前一晚就来到营地过夜，以便让身体提前适应高原的环境，然后在第二天晚饭之后驾驶越野车前往天文台。在那里，朱惠特与刘简夜复一夜地进行着观测。当他们感到疲惫的时候，有时朱惠特会放上一段重金属音乐，有时则刘简会放上一段经典音乐，控制室里响彻着时而激扬、时而舒缓的乐曲。

图 15　茂纳基雅峰上的观测台

这样的日子一晃就是四年，其间刘简完成了自己的学业，并获得了哈佛大学的博士后职位，但她仍时常回到茂纳基雅天文台，与朱惠特一起，在那白山之巅的稀薄空气里继续着对海外天体的执著搜索。尽管一次次的努力换来的只是一次次的失望，但他们锲而不舍地坚守着这份孤独的事业。幸运的是，在那四年中，CCD 的技术有了长足的发展，分辨率由最初的 242×276 提高到了2048×2048，从而大大提升了搜索效率。在毅力、耐力和技术这三驾马车的共

同牵引下，朱惠特与刘简这场巅峰之战的胜利时刻终于来临。

1992 年 8 月 30 日，在对比两张 CCD 相片时，一个缓慢移动的小天体引起了朱惠特的注意。一般来说，距离太阳越远的天体运动得越慢，从那个天体的移动速度来看，它与太阳的距离似乎有 60 天文单位。换句话说，这似乎是一个海外天体。当然，仅凭两张相片的对比是不足以作出结论的，于是他们对该天区进行了反复的拍摄与对比，结果证实这一天体的确是在缓慢地运动着，而且其运动速度所显示的距离的确是在海王星轨道之外，因此的确是一个海外天体。

朱惠特与刘简终于成功了。四年了，他们在这仿佛伸手便可摘到星星的巅峰之上苦苦寻找，运气却仿佛远在星辰之外。没想到成功竟然就在今夜，这一刻真让人猝不及防！朱惠特与刘简兴奋得像两个大孩子一样在观测室里又蹦又跳。他们将这一消息通告了国际天文联合会（International Astronomical Union）所属的小行星中心（Minor Planet Center）。9 月 14 日，小行星中心的天文学家马斯登（Brian Marsden）正式公布了这一发现，并确定了该天体的临时编号：1992QB$_1$[①]。据测定，1992QB$_1$ 的轨道半长径约为 44 天文单位（比朱惠特最初估计的要小，但的确是在海王星轨道之外），直径约为 160 千米。

---

① 自 1925 年以来，天文界采用了以发现年份外加两个英文字母作为小天体临时编号的做法。其中第一个字母（I 与 Z 不出现）表示发现小天体的半月，从一月上半月的 A 到十二月下半月的 Y。第二个字母（I 与 Z 同样不出现）则按照小天体在该半月中的发现顺序排列。如果该半月中发现的天体数目超过 24 个，则以下标表示字母被重复使用的次数。请读者按照这一命名规则推算一下 1992QB$_1$ 是哪一个半月发现的？以及它是该半月中被发现的第几个小天体？

30 玄 冰 世 界

　　1992QB₁ 的发现是人类在寻找太阳系疆界的征途上取得的又一个重要进展。不过在一开始，有些天文学家对 1992QB₁ 是否真的是海外天体还心存疑虑。比如小行星中心的马斯登，他虽然亲自宣布了 1992QB₁ 被发现的消息，但其本人却是怀疑者中的一员。他认为 1992QB₁ 有可能只是一个轨道椭率很大的天体，这样的天体虽然远日点距离很大，但绝大多数时间其实都处在海王星轨道以内，从而算不上是货真价实的海外天体。马斯登甚至为自己的猜测与朱惠特打了 500 美元的赌。

　　这个赌局很快就有了结果。1993 年 3 月 28 日，朱惠特与刘简发现了第二个海外天体，临时编号为 1993FW。1993FW 的轨道及大小都与 1992QB₁ 相似，它的发现极大地动摇了马斯登的怀疑，因为天文学家们在对这两个天体的轨道计算中犯下同样错误，一错再错地把轨道椭率很大的天体误当成海外天体的可能性是很小的。此后不久，更多的海外天体被陆续发现，从而越来越清楚地表明它们正是理论家们几十年前所猜测的那个海外小天体带的成员。1994 年，当海外天体的数量增加到六个（其中四个是朱惠特与刘简发现的）时，马斯登终于"投降"，乖乖交出了 500 美元。

与当年发现小行星带的情形相类似,随着观测技术的持续改进,以及受第
一轮发现的吸引而对海外天体感兴趣的观测者的增多,海外天体的发现不断
提速,在热闹的年份里一年就能发现一两百个(当然,它们的发现也因此而很
难再登上新闻标题了)。不过,由于距离遥远,加上体形苗条,海外天体大都极
其暗淡,视星等通常在 20 以上,不到冥王星被发现时的亮度的 1%;加上观测
海外天体在各大天文台的任务排行榜上的地位不够高,因此被发现的海外天
体因未能及时跟踪而重新丢失的比例也大得惊人,有时竟达 40%。寻找海外
天体的努力,仿佛是往小学数学题里那个开着排水口的水池里灌水,一边找,
一边丢。不过在一群像朱惠特与刘简那样执著的天文学家的努力下,得到确
认的海外天体(图 16)的数量还是稳步增长着。截至 2008 年 3 月,被小行星
中心记录的海外天体数量已经超过了 1300,它们的表面大都覆盖着由甲烷、
氨、水等物质组成的万古寒冰。

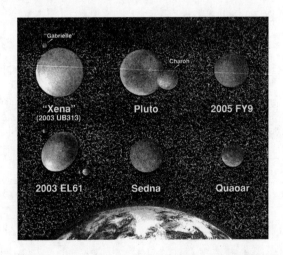

图 16　若干直径较大的海外天体（下方为地球）

随着数量的增加,天文学家们对海外天体按其轨道特征进行了粗略的分
类,其中距太阳 30～55 天文单位的海外天体被称为柯伊伯带天体(Kuiper
belt object),它们构成了所谓的柯伊伯带。我们在第 28 章中曾经提到,"柯伊
伯带"这一名称其实有点乌龙,因为在曾经猜测过这一小天体带的天文学家

中,柯伊伯的观点偏偏是认为它们如今早已不复存在,从而与观测结果完全不符。不过,柯伊伯是一位对现代行星天文学有过重要影响,甚至被一些人视为现代行星天文之父的天文学家,用他的名字命名一个天体带也不算过分。据估计,柯伊伯带中直径在 100 千米以上的天体可能有几万个之多,目前已被发现的还只是冰山之一角。

另一方面,柯伊伯带天体相对于全部海外天体来说也同样只是冰山之一角。在发现柯伊伯带的过程中,人们也发现了一些离太阳更远的天体,那些天体被称为离散盘天体(scattered disc object),它们的轨道椭率通常很大,轨道倾角的范围也比柯伊伯带天体宽得多,它们的远日点比柯伊伯带天体离太阳远得多,但近日点却往往延伸到柯伊伯带,个别的甚至会向内穿越海王星轨道。一般认为,离散盘天体最初也形成于柯伊伯带之中,后来是因为受到外行星的引力干扰而被甩离了原先的轨道。有鉴于此,天文学家们有时将离散盘天体称为离散柯伊伯带天体(scattered Kuiper belt object)[①]。

人们早期发现的海外天体的直径大都在一两百千米左右,但渐渐地,一些更大的天体也被陆续发现了。(请读者想一想,哪些因素有可能导致那些更大的海外天体反而较迟才被发现?)下表[②]列出了其中较有代表性的几个(其中"正式编号"是小行星中心在轨道被确定后指定给小天体的编号):

正式编号	临时编号	名　称	直径/千米
19308	$1996TO_{66}$		~900
20000	$2000WR_{106}$	Varuna	780~1016
55565	$2002AW_{197}$		890~977

[①]　离散柯伊伯带天体还包括所谓的半人马小行星(centaurs),那也是一些轨道椭率很大的小天体,只不过与离散盘天体的向外离散恰好相反,它们是向内离散的,其轨道通常分布于木星轨道与海王星轨道之间。

[②]　表格中的数据是早期的估计值,大都有些偏高。天文学家们一直在对海外天体的大小进行观测和修正,比如 20 000 Varuna 的直径后来(2007 年)通过斯皮策太空望远镜(Spitzer Space Telescope)的观测而被修正为 500 千米左右。

续表

正式编号	临时编号	名　称	直径/千米
50000	$2002LM_{60}$	Quaoar	1200～1290
84522	$2002TC_{302}$		710～1200
136108	$2003EL_{61}$	Haumea	1200～2000
90482	2004DW	Orcus	909～1500

这些天体的大小都接近或超过了最大的小行星——谷神星（谷神星的直径约为 960 千米）。看来这遥远的玄冰世界里还真是别有洞天。不过，这些天体与行星世界的小弟弟，直径约 2300 千米的冥王星相比终究还是偏小了一点。

但就连这一点也在 2005 年的新年伊始遭遇了挑战。

2005 年 1 月 5 日，美国加州理工大学的行星天文学家布朗（Michael Brown）在检查一年多前（2003 年 10 月 21 日）他与北双子天文台（Gemini North Observatory）的天文学家特鲁吉罗（Chad Trujillo）及耶鲁大学的天文学家拉比诺维茨（David Rabinowitz）拍摄的相片时，发现了一个新的海外天体。按照相片拍摄的时间，这一天体的编号被确定为 $2003UB_{313}$。$2003UB_{313}$ 是一个轨道椭率很大的天体，它被发现时正处于距太阳约 97.5 天文单位的远日点。在那样遥远的距离上仍能被观测到，可见其块头一定小不了。据布朗估计，$2003UB_{313}$ 的直径起码比冥王星大 25%[①]。这一估计在行星天文学界引起了很大的震动。因为自冥王星被发现以来，这还是人们首次在太阳系中发现比冥王星更大，同时又不是卫星的天体。毫无疑问，像 $2003UB_{313}$ 那样的庞然大物应该有一个专门的名称，它曾被暂时命名为齐娜（Xena），后来被正式

---

① 这一估计有些偏高，目前人们对 $2003UB_{313}$ 直径的估计为（2400±100）千米，只比冥王星略大，不过它的质量要比冥王星大 28% 左右，这一点由于它与冥王星分别存在卫星而得到了比它们的直径对比更为可靠的确立。

定名为埃里斯(Eris)。这是希腊神话中的争吵女神,著名的特洛伊之战(Trojan war)就是在她的煽风点火之下引发的。在中文中,这一天体被称为阋神星。

　　这位不太淑女的女神很好地预示了她即将带给天文学家们的东西:争吵,有关行星定义的争吵。

31　冥　王　退　位

　　阋神星的发现向天文学家们提出了一个问题,那就是:它究竟是不是行星? 这原本不应该成为问题的,因为阋神星既然比冥王星还大,当然应该算是行星。但问题是,在阋神星之前,人们已经发现了大量的海外天体,并且已经接受了海外天体是行星演化过程中的半成品的想法。在这种背景下要接受阋神星为行星是有难度的。更何况,海外天体中还包含了其他一些大小可观的成员。除上章列出的夸欧尔(Quaoar,美国原住民神话中的创世之神,中文名称为创神星),好婆妹阿(Haumea,美国夏威夷神话中掌管生育的女神,中文名称为妊神星)及厄耳枯斯(Orcus,罗马神话中的死亡之神,中文名称为死神星)等外,还有与阋神星同一天被宣告发现的马克马克(Makemake,复活节岛上的造物之神,正式编号为136472,发现时的临时编号为2005FY$_9$,中文名称为鸟神星),它的直径也有1300~1900千米。这些天体虽比冥王星小,但相差并不多,如果阋神星和冥王星可以算作是行星,那它们是否也应该算是行星呢?

　　当人们开始提出这样的问题时,一个更基本的问题也随之浮出了水面:究竟什么是行星?

　　就像其他很多习以为常的概念一样，人类知道行星的存在虽有漫长的历史，却从未给它下过明确的定义。在历史上，人类对行星的认定极少发生争议，而且即便发生争议，也要么很快就被解决（比如有关小行星地位的争议），要么所争之处并非行星的定义（比如对地球地位的争议），从而并未触及行星定义的必要性。

　　可现在的情况完全不同了。要知道冥王星行星资格的由来有着很大的偶然性：它一开始就被错误地当成了罗威尔的行星X，可以说是将行星宝座当成婴儿床，直接就诞生在了那里。尔后又在很长的时间内被误认为可能有地球那么大。后来虽一再"瘦身"，但生米早已煮成熟饭，再说"瘦死的骆驼比马大"，冥王星虽小，比小行星终究还是大得多，因此其身份虽遭到过怀疑，却像一位有经验的潜伏人员那样有惊无险地挺了过来[①]。但随着海外天体的陆续登场，冥王星除在个头上遭到挑战外，它隐匿多年的一桩"劣迹"也得到了曝光。我们知道，当年小行星们之所以被剥夺行星资格，除个头太小外，还因为它们犯有一项"重罪"，那就是"非法聚众"。现在冥王星显然也犯下了同样的"罪行"。在这种情况下，摆在天文学家们面前的是一个两难局面：要么像当年处理小行星一样，剥夺冥王星的行星资格；要么一视同仁地将所有较大的柯伊伯带天体都吸收为行星，甚至恢复某些小行星的名誉。无论哪一种选择，都将改变已沿袭了大半个世纪的太阳系九大行星的基本格局。

　　另外需要提到的是，除了来自太阳系内部的这些麻烦外，行星这个被太阳系垄断了几千年的专利，自20世纪90年代开始遭遇了"盗版"。天文学家们在其他恒星（包括白矮星、脉冲星等恒星"遗体"）周围也陆续发现了行星，而且其数目迅速增加，目前已远远超过了太阳系的行星数目。所有这些都促使天文学家们摆脱单纯的历史沿革，对行星的定义进行系统思考。在这过程中，冥王星的命运是让很多人——尤其是公众——最为关注的焦点。

---

　　①　对冥王星身份的最早怀疑可以追溯到汤博发现冥王星的同一年，即1930年，起因是罗威尔天文台公布的冥王星轨道与罗威尔对行星X的预言不符。

1999 年，随着有关冥王星地位变更的传闻越来越多，负责天体命名及分类的国际天文联合会发表了一份声明，公开否认其正在考虑这一问题。但就在这份明修栈道式的声明发表的同一年，该联合会却暗度陈仓般地成立了一个旨在研究太阳系以外行星（Extrasolar Planet）的工作组。2001 年 2 月，该工作组拟出了一份名义上只针对太阳系以外行星的定义草案，其中给出了行星定义的一个重要组成部分，那就是**行星必须足够小，以保证其内部不会发生核聚变反应**[①]。这一条的主要目的是将行星与所谓的褐矮星（brown dwarf）区分开来。按照我们目前对天体内部结构的了解，这一条给出的行星质量上界约为木星质量的 13 倍。

除上界外，完整的行星定义显然还应包含一个合理的下界，否则环绕恒星运动的任何小天体，甚至每一粒尘埃都将变成行星，那是不堪设想的事情。不过由于早期发现的太阳系以外的行星大都是巨行星，因此上述草案并未对质量下界给予认真关注，只是建议参照太阳系行星的情况。可这"参照"二字说来容易，做起来却绝不轻松，因为太阳系行星的情况一向只是约定成俗，而从未有过明确定义，若当真遇到什么棘手的情形，还真不知该如何参照。有鉴于此，2002 年，美国西南研究所（Southwest Research Institute）的天文学家斯特恩（Alan Stern）与莱维森（Harold Levison）提出了一组新的行星定义，这一定义采用了与上述草案相同的质量上界（措词略有差异），但补充了质量下界。它规定：**行星必须足够大，以至于其形状主要由引力而非物质中的其他应力所决定**。在太阳系中，我们可以看到很多形状不规则的小天体，但几乎所有直径在 400 千米以上的天体，其形状都非常接近由引力所主导的天然形状：球形[②]。因此由这一条给出的行星直径下界约为 400 千米，具体的数字则与天体的物质组成有关。

---

① 确切地讲，该定义要求行星的质量小于在其中心产生氢核聚变所需的质量。由于氢核聚变是恒星内部最容易产生的核聚变，因此满足这一条也就自动保证了行星内部不会产生其他核聚变。

② 确切地讲是椭球形，因为多数天体存在自转。

由上述方式定义的行星质量上界及下界具有非常清晰而自然的物理意义。有了这两条，再加上行星必须环绕恒星运动，以及行星不能同时是卫星这两个显而易见的**运动学要求**，行星定义就基本完整了。2006 年 8 月 16 日，国际天文联合会正式提出了一份行星定义草案。该草案所采用的大致就是上述几条，不过在涉及质量上界时，只对行星与普通恒星作了区分，而未涉及与褐矮星的区分（这相当于将质量上界由木星质量的 13 倍提高到 75 倍左右）。这份定义草案单从物理角度讲是比较令人满意的，但用到太阳系中却立刻会产生一个很现实的麻烦，即导致行星数量的急剧增加。事实上，由于该定义所要求的行星直径的下界只有 400 千米左右，一旦被采用，则不仅谷神星可以"官复原职"，阋神星能够"荣登宝座"，许许多多甚至连名字都还没有的家伙也将成为行星。据估计，这一定义有可能会使太阳系的行星数目增加到几百，甚至几千。这样的数目虽然不存在任何原则性的问题，却有点超乎人们的心理承受力，因为自冥王星被发现以来，几乎每一位小学生都能说出太阳系九大行星的名称。但假如九大行星变成几百、甚至几千大行星，那么别说小学生，恐怕连大学教授也得张口结舌。

因此，上述草案一经提出立刻遭到了激烈的反对。经过几天的争论，国际天文联合会在草案中新增了一项要求：**行星必须扫清自己轨道附近的区域**[①]。2006 年 8 月 24 日，这一新定义经表决以超过 90% 的大比率通过，从而正式生效。按照新增的那项要求，谷神星"官复原职"的希望付诸东流，阋神星"荣登宝座"的美梦也化为了泡影，而最惨的则是已经在行星宝座上端坐了 76 年的冥王星，它在一夜之间就被扫地出门，变成了所谓的"矮行星"——这

---

① 这一条与其他几条相比，其缺陷是显而易见的，因为它并未对"轨道附近的区域"及"扫清"这两个概念进行界定。严格追究的话，海王星也不能算是扫清了轨道附近的区域，因为很多海外天体的轨道周期性地穿越海王星轨道。甚至最有行星资格的木星，它的"大扫除"也是有死角的，因为在它的轨道区域中存在数量多达十万以上的所谓"特洛伊小行星"（Trojan asteroid）。从国际天文联合会对新定义的讨论过程及此前出现的几篇相关论文来看，"扫清"一词的含义应该是指行星在其轨道附近的区域中处于支配性（dominant）地位。

是为像它这样满足其他各项要求，却没能完成轨道"大扫除"任务的天体所设的安慰奖。与冥王星一同获得首批矮行星光荣称号的还有谷神星和阋神星。2008年3月和9月，鸟神星和妊神星也先后加入了矮行星的行列。今后，矮行星的数目显然还会增加，但太阳系行星的数目却暂时降为了八个。也许是意识到新定义的修改过程太过仓促，国际天文联合会将新定义的适用范围限定在了**太阳系以内**，而将普遍的行星定义留给了未来。

行星新定义的仓促出炉，尤其是冥王星像"严打"期间遭到惩处的人犯一样在几天之内就被草率"矮化"，引起了很多人的反对，反对者从天文学家到天文爱好者，从普通民众到占星术士应有尽有。以前太阳系有九大行星时，人们曾用九大行星的英文开首字母编写过一些便于记忆的英文短句，比如：My Very Educated Mother Just Served Us Nine Pizza(我那受过良好教育的妈妈刚给我们做了九个比萨饼)，冥王星("P"luto)被剥夺行星资格后，有人戏谑般地用剩下的八个开首字母也编了一个英文短句：Most Vexing Experience, Mother Just Served Us Nothing(最气恼的经历，妈妈没给我们做任何东西)。

当然，也有比较认真的反对者，比如有人对表决的代表性提出了质疑。他们指出，参与行星定义表决的天文学家只有424人(其中投反对票者为42人)，不到与会人数的16%，与国际天文联合会的会员总数相比，更是连5%都不到，不能充分地代表国际天文联合会。不过这种质疑初看起来颇有说服力，其实却不然。因为国际天文联合会的会员并非人人都对行星定义感兴趣，因此投票率的高低未必能衡量投票质量的好坏。另一方面，424人从统计学角度讲已经不算是太小的样本，统计误差只有百分之几，超过90%的大比率通过绝非统计误差所能干扰。除非有迹象表明未投票的天文学家看待行星定义的态度与已投票者存在系统性的差异，否则更多的人投票只会使赞成及反对的票数大致按比例增加，却几乎不可能改变投票结果。

当然，最重要的是，行星定义无论如何改变，所影响的只是我们对天体的称呼与分类，而不是天体本身。冥王星是行星也好，是矮行星也罢，它就是那个在六十亿千米之外围绕太阳运动，直径约2300千米，"遵循相同物理定律，由同样的尘埃云凝聚而成"的实心球。它是否被新定义所"矮化",无论对于它自己还是对于天文学研究都没什么实质意义。不过,如果读者对名分问题感兴趣的话,朱惠特——他曾被认为是最早发现柯伊伯带天体的天文学家,但现在只能排第二了(请读者想一想,第一是谁?)——倒是早在冥王星被"矮化"之前就表达过一个别致的看法,他认为冥王星如果变成一个柯伊伯带天体,非但不是被"矮化",反而是受到"升迁",因为它的地位将从此"由外太阳系的一个令人难以理解的畸形反常,变成海外天体这一丰富而有趣的家族的首领"。正所谓:宁为鸡头,不做凤尾,看来我们应该祝贺冥王星①。

---

① 冥王星的"鸡头"地位在 2008 年 6 月 11 日得到了进一步的加强:这一天,国际天文联合会将海王星以外(即轨道半长径大于海王星轨道半长径)的矮行星统称为 **Plutoid**。该类别目前尚无标准中文译名,几种可能的选择为:类冥天体、类冥矮行星、冥王星类天体。其中个别译名曾被当作 plutino——即与海王星轨道存在 3∶2 共振的海外天体(包括卫星)——的非正式中译名。不过 plutoid 这一新类别出现后,为对两者进行区别,我认为 plutino 宜另找一个可以体现英文词根-ino(微小)的新词作为译名,比如类冥小天体、微冥天体等。

32 疆界何方

　　现在让我们盘点一下人类在寻找太阳系的疆界时走过的漫漫长路。从远古时期就已知道的金、木、水、火、土五大行星，以及脚下的地球，到近代的天王星、海王星，再到现代的柯伊伯带及离散盘。人类认识的太阳系疆界在过去两百多年的时间里在线度上扩大了十倍左右。

　　那么，离散盘是否就是太阳系的疆界呢？答案是否定的。

　　读者们也许还记得，我们在第 28 章中曾经提到，太阳系里的彗星按轨道周期的长短可以分为两类，其中短周期彗星大都来自柯伊伯带。那么，长周期彗星又来自何方呢？

　　1950 年，荷兰天文学家奥尔特（Jan Oort）对长周期彗星进行了研究。他发现，很多长周期彗星的远日点位于距太阳 50 000～150 000 天文单位（约合 0.8～2.4 光年）的区域内，由此他提出了一个假设，即在那里存在一个长周期彗星的大本营。这一假设与将柯伊伯带视为短周期彗星补充基地的假设有着异曲同工之妙（但时间上更早）。那个遥远

荷兰天文学家奥尔特

(1900—1992)

的长周期彗星大本营后来被人们用奥尔特的名字命名为奥尔特云（Oort Cloud）①（图 17）。由于长周期彗星几乎来自各个方向，因此奥尔特云被认为大体上是球对称的。后来的研究者进一步将奥尔特云分为两部分：距太阳20 000 天文单位以内的部分被称为内奥尔特云，它呈圆环形分布；距太阳20 000 天文单位以外的部分被称为外奥尔特云，它才是球对称的。据估计，奥尔特云中约有几万亿颗直径在一千米以上的彗星，其总质量约为地球质量的几倍到几十倍。由于数量众多，在一些科普示意图中奥尔特云被画得像一个真正的云团一样，但事实上，奥尔特云中两个相邻小天体之间的平均距离约有几千万千米，是太阳系中天体分布最为稀疏的区域之一。

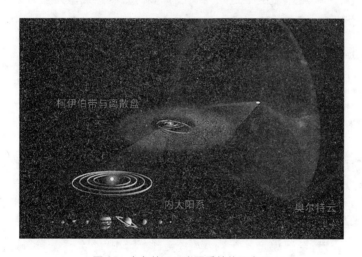

图 17　奥尔特云及太阳系结构示意图

① 奥尔特并不是最早提出彗星大本营概念的天文学家。1932 年，爱沙尼亚天文学家欧皮克（Ernst Öpik）曾经提出过彗星来自太阳系边缘的一片"云"的假设。此外，早年曾有一些天文学家认为短周期彗星也来自奥尔特云，只不过是在接近内太阳系时受到巨行星的影响而被俘获成了短周期彗星。但具体的计算及模拟表明，小天体从遥远的奥尔特云进入并被俘获在内太阳系的概率非常小，不足以解释观测到的短周期彗星的数量。而且来自奥尔特云的新彗星的轨道倾角分布也与短周期彗星的倾角分布有着显著差异。因此后来人们放弃了这一假设（但个别短周期彗星——比如哈雷彗星——仍被认为是有可能来自奥尔特云）。

在距太阳如此遥远的地方为何会有这样一个奥尔特云呢？一些天文学家认为，与离散盘类似，奥尔特云最初是不存在的，如今构成奥尔特云的那些小天体最初与行星一样，形成于距太阳近得多的地方，后来是被外行星的引力作用甩了出去，才形成了奥尔特云。奥尔特云中的小天体由于距太阳极其遥远，很容易受银河系引力场的潮汐作用及附近恒星引力场的干扰，那些干扰会使得其中一部分小天体进入内太阳系，从而成为长周期彗星。

奥尔特云距我们如此遥远，而且包含的又大都是小天体，读者们也许会以为除直接来自那里的长周期彗星外，我们不太可能观测到任何属于奥尔特云的天体。其实不然。这倒不是因为我们有能力观测到几千乃至几万天文单位之外的小天体，而是因为奥尔特云并不是一个界限分明的区域。少数奥尔特云天体的轨道离我们相当近，甚至能近到可被直接观测到的程度。2003 年，美国帕洛马天文台(Palomar Observatory)的天文学家布朗(Michael Brown，他也是创神星的发现者之一)发现了一个临时编号为 $2003VB_{12}$(正式编号为 90377)的海外天体，它的轨道远日点距离约为 976 天文单位，近日点距离也有 76 天文单位。这个天体的块头很大(否则就不会被发现了)，直径约有 1500 千米，曾一度被当成第十大行星的候选者(当时阋神星尚未被发现)。天文学家们给它取了一个专门的名称：赛德娜(Sedna，因纽特神话中的海洋生物之神)。一般认为，赛德娜是属于内奥尔特云的天体[①]。除赛德娜外，还有一个我们非常熟悉，有些读者甚至用肉眼都曾看到过的天体——哈雷彗星——也被认为是有可能来自奥尔特云的。哈雷彗星虽然是一颗短周期彗星，但很多天文学家认为，它是从奥尔特云进入巨行星的引力范围后受后者的干扰才成为短周期彗星的。

奥尔特云究竟有多大呢？今天的很多天文学家认为它的范围延伸到距太

---

① 2000 年，罗威尔天文台发现的一个临时编号为 $2000CR_{105}$(正式编号为 148209)，远日点距离约 394 天文单位，近日点距离约 44 天文单位的小天体也被认为有可能属于内奥尔特云，但争议较大。

阳约 50 000 天文单位的地方,但也有人像奥尔特当年一样,认为它延伸得更远,直到太阳引力控制范围的最边缘。这一边缘大约在距太阳 100 000～200 000 天文单位处,在那之外,银河系引力场的潮汐作用及附近恒星的引力作用将超过太阳的引力。(请读者想一想,我们为什么在提到银河系引力场时强调"潮汐作用",而在提到附近恒星的引力场时不强调这一点?)如果那样的话,奥尔特云的外边缘应该就是太阳系的疆界了。

　　不过,奥尔特云未必是太阳系疆界附近的唯一秘密。1984 年,美国芝加哥大学的古生物学家劳普(David Raup)和塞普考斯基(Jack Sepkoski)在对过去两亿五千万年间地球上的大规模生物灭绝状况进行研究后提出,那种灭绝似乎平均每隔 2600 万年发生一次,而且有迹象表明其中至少有两次似乎与大陨星撞击地球的时间相吻合(其中最著名的一次被认为是发生在距今约 6500 万年的白垩纪末期,导致包括恐龙在内的大量生物灭绝)。同年,美国加州大学的物理学家马勒(Richard Muller)等人提出了一个大胆的猜测,认为太阳可能有一颗游弋在太阳系边缘的伴星,这颗伴星是一颗褐矮星或红矮星(褐矮星的质量约在木星质量的 13～75 倍之间,红矮星的质量约在木星质量的 75～500 倍之间),它距太阳最远时约有 2.4 光年(感兴趣的读者请根据上下文提供的信息,计算一下它离太阳最近时的距离)。这颗伴星每隔 2600 万年经过奥尔特云的一部分,在它的引力干扰下,大量的奥尔特云天体会脱离原先的轨道而进入内太阳系,其中个别天体会与地球相撞,从而造成大规模的生物灭绝。由于这颗伴星所起的可怕作用,它被称为内梅西斯(Nemesis),这是希腊神话中的复仇女神。如果太阳真的有这样一颗伴星,并且它真的有人们所猜测的那种作用,那它无疑是太阳系疆界附近最可怕的天体[①]。即便如此,我们也不必害怕,因为按照那些科学家的说法,地球上最近一次大规模生物灭绝大约发生在距今五百万年以前,那么下一次同类事件——如果有的话——就该是

---

　　① 需要提醒读者注意的是,有关太阳伴星的猜测目前只有很少的支持者,其学术地位远低于有关奥尔特云的猜测。

两千多万年之后的事了。那时假如人类还存在，想必该有足够的智慧来避免灾难。

我们有关太阳系疆界的故事在这里就要与读者说再见了，但人类探索太阳系疆界的事业却远未结束，这样的事业有一个美丽的名字叫科学，她值得人们去做永生的探索。

附录　冥王星沉浮记①

引言

　　如果你徜徉在纽约曼哈顿的街头,也许会被一座特别的雕像所吸引,那便是矗立在著名地标性建筑洛克菲勒中心(Rockefeller Center)前的阿特拉斯(Atlas)雕像(图 18)。阿特拉斯是希腊神话中象征着力量与坚忍的巨神,在他的肩上扛着整个天球②。如果有办法细看的话,你也许还会惊讶地发现,这座雕像的天球之上只刻着八颗行星。比雕像的落成早七年就已发现,直到 2006 年才被降级的冥王星竟然不在其中。是艺术家未卜先知吗? 不是。原来,这座落成于 1937 年的雕像是 20 世纪 20 年代设计的,当时冥王星尚未被发现,天球上自然也就没它的位置了。不过,那原本已成为缺陷的八大行星在相隔大半个世纪之后重新变得贴切,是谁也不曾料到的。

　　如今距离冥王星的降级已时隔多年,冥王星是如何一步步走向降级的? 降级后人们的反应又如何呢? 在本附录中,我们将依照时间的顺序来回顾一

---

　　①　本文的删节版曾发表于 2009 年 10 月的《科学画报》。

　　②　阿特拉斯(Atlas)还是英文单词 atlas(地图册)的词源。

下这颗昔日行星的"命运"沉浮。

图 18　洛克菲勒中心前的阿特拉斯雕像（弧形的天球支架上刻有行星符号）

冥王星降级倒计时 76 年

　　冥王星是 1930 年由美国罗威尔天文台的一位当时仅仅是观测助理的年轻天文学家汤博（Clyde Tombaugh）发现的（它因此而被称为"美国行星"）。与其他八大行星不同的是，冥王星的行星地位受到过多次怀疑。在发现之初，它曾被视为是一颗被理论所预言的新行星。但人们很快就发现，无论它的质量还是轨道，都与理论预言存在较大的差异。因此早在它被发现的那一年，就有人因其与理论预言不相符合，而怀疑它并非太阳系的第九大行星。不过那种怀疑并不成立，因为当时有关新行星的预言是错误的[①]，与错误的预言不相吻合是不能怪冥王星的。

---

　　①　有关这一点的详细介绍，请参阅第 23、24、27 等章。

冥王星降级倒计时 50 年

1956 年 2 月,冥王星的行星地位再次遭到了怀疑,美籍荷兰裔天文学家柯伊伯(Gerard Kuiper)在接受美国《时代》周刊的采访时表示,冥王星的自转周期超过 6 天,对于行星来说显得太慢了。柯伊伯是一位著名的行星天文学家,以他名字命名的柯伊伯带将在 50 年后成为冥王星降级的真正原因,但他以自转太慢为由怀疑冥王星的行星地位,却是站不住脚的。我们现在知道,水星的自转周期约为 59 天,金星的更是长达 243 天,都比冥王星转得更慢①。

冥王星降级倒计时 28 年

1978 年 6 月,冥王星迎来了一个对其行星地位来说喜忧参半的消息:它的卫星卡戎(Charon)被美国海军天文台的天文学家所发现。通过观测卡戎的运动,冥王星的质量首次得到了较为精确的测定,结果竟然还不到月球质量的 1/5,这显然是个坏消息。但另一方面,很多天文学家相信,卫星按定义就是绕行星运转的天体,冥王星既然有卫星,它自己当然就只能是行星了,因此这同时又是一个好消息。不过这好消息背后的理据在 1994 年遭到了破灭。

---

① 读者也许会觉得奇怪,像柯伊伯那样的天文学家怎么会把像自转速度那样细枝末节的性质作为怀疑冥王星行星地位的理由?其实他的真正理由是:像冥王星那样慢的自转当时只在卫星中被发现过,因此冥王星的缓慢自转说明它有可能是一颗侥幸逃脱海王星引力束缚的卫星。这种将巨行星的某些卫星与像冥王星那样的柯伊伯带天体联系起来的观点是颇有远见的。虽然我们现在并不认为冥王星是逃脱海王星引力束缚的卫星,但相反的过程,即柯伊伯带天体被俘获成为海王星(或其他巨行星)卫星的过程却得到了不少天文学家的认同,比如海王星的卫星 Triton(海卫一)就被认为很可能是遭俘获的柯伊伯带天体。

那一年,天文学家们发现了小行星的卫星①,从而使得拥有卫星不再是行星的专利。

冥王星降级倒计时 14 年

1992 年,冥王星作为太阳系中海王星以外之唯一天体(彗星不算)的地位宣告不保。自 1992 年起,人们在海王星之外陆续发现了越来越多的新天体(统称为海外天体),它们的大小虽暂时还不能与冥王星相比,但它们的出现越来越证实了天文学家们早在 20 世纪中叶就提出过的一种观点,即海王星之外存在大量小天体,它们都是行星演化的“半成品”,冥王星有可能是它们中的一员②。

“山雨欲来风满楼”,至此,冥王星的“命运”已岌岌可危,这危机惊动了一个人,他就是昔日那位罗威尔天文台的年轻观测助理,如今已德高望重的冥王星发现者汤博。

去世前不久的汤博

---

① 这一发现是通过美国的“伽利略”号探测器得到的,所发现的是围绕小行星 Ida(艾达)运转的卫星。小行星 Ida 是一个形状不规则的天体,平均线度为 31.4 公里,它的卫星 Dactyls(戴克泰)的平均线度则为 1.4 公里。

② 有关这一观点的详细介绍,请参阅第 28 章。

冥王星降级倒计时 12 年

1994 年 12 月,已经 88 岁高龄的汤博给美国科普杂志《天空与望远镜》(*Sky & Telescope*)写了一封信,为冥王星的"命运"做最后一搏。在信中他主张像维持其他天文命名体系——比如恒星的光谱命名及星座的命名那样保留冥王星的行星地位。他并且主张以 17 等星作为分界,将新近发现的海王星以外暗于 17 等的小天体命名为柯伊伯小天体(Kuiperoids),以区别于冥王星。可惜的是,这些主张都没什么说服力,以 17 等星(而且还是视星等)为分界更是充满了随意性①。两年之后,汤博离开了人世。

冥王星降级倒计时 6 年

2000 年 2 月,位于纽约曼哈顿的海登天文馆(Hayden Planetarium)作出了一个大胆的决定,在太阳系的行星模型中破天荒地去掉了冥王星。2001 年 1 月 22 日,这一公开的秘密被《纽约时报》的记者所发现,并以《冥王星不是行星吗? 只在纽约》(*Pluto's Not a Planet? Only in New York*)为题在头版作了报道。那一天,天文馆主任泰森(Neil Tyson)的电话留言及电子邮箱均被雪片般飞来的询问与质疑挤爆。不过当时学术界有关冥王星行星地位的意见已足够分歧,泰森成功地顶住了压力。

---

①　读者也许会问:汤博为什么选 17 等星这样一个特殊星等? 答案很简单:那是汤博自己曾经搜索过的最暗天体的视星等。以自己的天文搜索能力作为天体分界的标准,在学术上显然是没有任何说服力的。

冥王星降级倒计时 1 年

2005 年 1 月，美国天文学家布朗(Michael Brown)在检查旧的观测相片时发现了一颗比冥王星更大的海外天体：阋神星。从此冥王星不仅不再是海王星以外的唯一天体(彗星不算)，甚至连最大的天体也不再是了。这一发现在很大程度上成为了"压垮"冥王星行星地位的最后一根稻草。

冥王星降级倒计时 7 个月

2006 年 1 月，英国广播公司(BBC)采访了地球上最后一位与冥王星有直接渊源的人：英国退休女教师费尔(Venetia Phair)。76 年前，年仅 11 岁的她提议了冥王星的名字①。不过，在被问及对冥王星的"命运"危机有何看法时，费尔表示自己年事已高，不再关心此事，但她乐意看到冥王星继续当行星。三个月后，费尔也离开了人世。

冥王星降级零时

2006 年 8 月 24 日，冥王星"命运"水落石出的时刻终于来临。国际天文联合会(IAU)的 424 位天文学家在捷克共和国的首都布拉格(Prague)就行星的定义及冥王星的地位问题举行投票。在投票结果即将宣布的那一刻，无数记者在场外屏息等候，用海登天文馆主任泰森的形容，那满场的寂静宛如梵蒂冈教廷任命新教宗前，教徒们在宫殿外屏息等候的情形。一个科学事件引起如此关注是不多见的。

———————————

① 有关这一点，请参阅第 26 章。

投票的结果是：冥王星降级成了矮行星（dwarf planet）。

一石激起千层浪！

在那一刻之前，也许很少有人真正关心过那个远在 60 亿公里之外的由岩石与寒冰组成的遥远球体，有关冥王星"命运"的争议也基本局限在科学界之内；在那一刻之后，整个事件被骤然披上了浓厚的文化色彩。学生、政客、占星师、宗教信徒、科学爱好者等，全都加入了关注行列，并发表了种种意见。如果说此前的倒计时所记录的主要是科学事件，那么此后的时钟却记录了很多文化及社会事件。

冥王星降级后几分钟

冥王星降级的消息立刻在全球媒体上占据了重要版面，有人甚至精心杜撰了许多搞笑标题，比如《美国联邦经费不足导致太阳系裁员》，《民主党人拒绝向冥王星提供援助》，《冥王星降级违宪》，等等[1]。不过真正搞笑的要数美国加州议会的一份真实的抗议提案。那份提案事先就已拟定，并在国际天文联合会投票结束几分钟之后就提了出来。加州之所以如此有备而来，是因为"冥王星"这一名称在加州有另外一层含义，它是总部位于加州的迪斯尼乐园（Disneyland）中一条深受孩子们喜爱的宠物狗的名字。加州议会在提案中郑重表示，冥王星的降级将会"伤害加州的孩子"[2]。不过，议员们的热心并未得到宠物狗的真正主人——迪斯尼公司——的响应。迪斯尼公司表示，宠物狗"冥王星"除了偶尔会对着月亮嚎叫几声外，对其他天体并无兴趣。加州议会的冥王星提案最终搁浅。

---

① 这些搞笑标题来自美国的一份政治幽默杂志 *The People's Cube*。

② 加州议案的抗议理由还包括冥王星的降级会"损害某些担忧普适常数（注：指行星数目）稳定性的加州人的心理健康"及"扩大加州的财政赤字"。

冥王星降级后 4 个月

冥王星的降级也让很多冥王星爱好者感到不满，他们以各种方式表达了对冥王星的深切怀念，其中包括组建冥王星粉丝团，制作小宣传品，开办请愿网站，等等。2006 年底，美国方言协会（American Dialect Society）宣布将冥王星 Pluto 由名词提升为动词，用法为 to pluto 或 to be plutoed。仿照当下中文网上颇为流行的"被"字短语（比如"被就业"、"被增长"等），该动词可译为"被冥"，其含义为"像冥王星一样被贬"。冥王星在天文学上被贬，却在词义上获得了提升，算是略有补偿吧。

冥王星降级后 1～3 年

自冥王星降级后的第二年起，美国的另两个州也步加州后尘提出了冥王星提案，并且还得到了通过。那两个州都与冥王星的发现者汤博有着密切关系。其中一个是新墨西哥州，那是汤博后半生的居住地，也是他任教 18 年之久的新墨西哥州立大学（New Mexico State University）的所在地。2007 年 3 月 8 日，新墨西哥州议会通过决议，宣布冥王星在该州仍然是行星。另一个是伊利诺伊州，那是汤博的出生地。2009 年 2 月 26 日，伊利诺伊州议会也通过决议，宣布冥王星在该州为行星。因此，现在我们可以仿照《纽约时报》当年的标题说一句："冥王星是行星吗？只在新墨西哥州和伊利诺伊州"。与汤博有关的另一个重要地点——发现冥王星的罗威尔天文台——也不落人后，别出心裁地在捐款箱上设计了几个小小的选项，让大家用钱包来投票，结果——如所预料的——是支持冥王星为行星的参观者为数最多（图 19）。

另一方面，天文学家们的意见也并非铁板一块。冥王星虽然被降级了，许多天文学家对它的"爱心"却依然不改。冥王星"被冥"后不久，美国行星科学

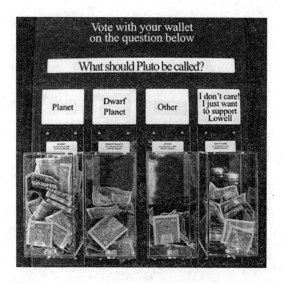

图 19　罗威尔天文台的捐款箱

研究所(Planetary Science Institute)的主任赛克斯(Mark Sykes)就牵头发表了一份由 304 位科学家签名的请愿书,宣布不承认国际天文联合会的投票结果。304 这一人数大有直逼国际天文联合会的投票人数 424 之势,不过简单的统计表明,签名者中绝大多数是美国科学家,非美国的只有不到 20 人(而国际天文联合会中的非美国科学家占 2/3)。看来对冥王星地位的看法即便在学术界之内也不是单纯的学术问题[1]。国际天文联合会收到的抗议信也有着同样鲜明的国别色彩,超过 90% 是来自美国民众的,这与冥王星是"美国行星"显然不无关系。

常言道:解铃还需系铃人。学术问题归根到底还是要用学术手段来解决。2008 年 8 月,一百多位天文学家聚集在美国的约翰·霍普金斯大学

---

[1]　科学家也是人,他们在考虑问题——尤其是像冥王星身份这种介于主观与客观之间的问题——时也无可避免地会掺入个人情感甚至民族情感。从民族情感上讲,美国民众(包括科学家)希望冥王星保留行星身份者为数较多,其他国家的人则大都无所谓;从个人情感上讲,冥王星的发现者汤博、命名者费尔、冥王星探测计划的主管者斯特恩(Alan Stern)等都主张保留冥王星的行星身份,而柯伊伯带的提出者柯伊伯与发现者朱惠特、刘简等则持相反看法。

(John Hopkins University)，再次就行星定义展开了讨论。在讨论中，很多天文学家表达了自己的看法。那些看法从支持国际天文联合会的定义，到将行星俱乐部扩招几十倍①；从以保护"文化遗产"为名保留冥王星的"行星籍"，到干脆将月球也升级为行星，林林总总，应有尽有。由于分歧实在太大，后来的会议简报只列出了一条不无搞笑意味的共识，叫做"没有共识的共识"（agree to disagree）。

在针对国际天文联合会有关冥王星地位所作的表决的全部质疑中，最有技术含量的理由是参与表决的人数太少，还不到全体会员人数的 5%，从而缺乏代表性。这一理由听起来不无道理，因而被许多人所支持，但它其实并非真的很有力，因为当时的表决结果是以 90% 的大比数通过的，远大于统计误差，很难被单纯的人数增加所改变。不过另一方面，这些年来天文学家们始终无法就行星定义达成共识这一事实，从一个侧面显示出当年的表决确有值得商榷之处，只不过这商榷之处恐怕不是人数太少，而是在于选项太少，即在表决时只有一份提案可供选择，从而无可避免地带有片面性。这就好比在晚饭时间，让一群人选择吃川菜还是不吃，多数人——包括不太喜欢川菜的人——都会选择吃川菜；但如果选项增加为：吃川菜、粤菜、鲁菜、浙菜还是不吃，意见也许就会相当分歧。

尾声

有关冥王星这颗"美国行星"的争议看来还将持续很长时间。虽然有那么多人在关注，我们对冥王星的真正了解却少之又少，甚至连一张像样的图片都拿不出来。为了改变这一局面，2006 年 1 月 19 日，美国国家航空航天局发射

---

① 扩招几十倍的方法是放弃国际天文联合会的定义中"扫清自己轨道附近的区域"这一条件，这样一来潜在的行星数目有可能增加到几百甚至更高（关于这一点，请参阅第 31 章）。

了人类有史以来第一个冥王星探测器：新视界(New Horizons)。这个探测器
上除了观测仪器外，还携带着冥王星发现者汤博的部分骨灰，这位来自伊利诺
伊州的"农民的儿子"将在 2015 年魂游自己所发现的冥王星。当他出发时，冥
王星还是一颗行星，如今它却只是一颗编号为 134340 的矮行星了。不过，让
我们且把名份之争放在一边，翘首期待"新视界"探测器掠过冥王星的那一刻
吧，无论我们如何称呼冥王星，那都将是一个激动人心的时刻(图 20)。

图 20　"新视界"探测器飞临冥王星的想像图

术 语 表

矮行星（dwarf planet）

矮行星是国际天文联合会于 2006 年 8 月 24 日结合行星新定义而提出的太阳系天体的新类别，太阳系内的矮行星是同时满足以下四个条件的天体：(1)围绕太阳公转；(2)具有足够的质量使自身引力克服刚体应力，从而具有（近球形的）流体静力平衡形状；(3)没有扫清自己轨道附近的区域；(4)不是卫星。截至 2009 年 8 月，太阳系中共有五个天体被定为矮行星，它们分别是：谷神星（Ceres）、冥王星（Pluto）、阋神星（Eris）、鸟神星（Makemake）和妊神星（Haumea）。这一数目今后无疑将会增加。

奥尔特云（Oort cloud）

奥尔特云是以荷兰天文学家奥尔特（Jan Oort）的名字命名的假想中的长周期彗星大本营，其范围有可能一直延伸到太阳引力控制范围的最边缘（距太阳 100 000～200 000 天文单位）。奥尔特云有可能存在内外之分，距太阳 20 000 天文单位以内的内奥尔特云——也叫希尔云（Hill cloud）——呈圆环形分布，在那之外的外奥尔特云则呈球对称分布。据估计，奥尔特云中约有几万亿个直径在一千米以上的天体。奥尔特云天体距太阳的平均距离虽然极远，但个别天体的近日点距离却有可能并不太大，从而能被观测到，比如今后有可能会被提升为矮行星的太阳系小天体赛德娜（Sedna），就有可能是一个奥尔特云天体。

表观逆行（apparent retrograde motion）

观测天文学上的表观逆行，是指因地球（或观测者所在的其他参照系）本身的运动而造成的被观测天体相对于背景星空的表观运动与其相对于太阳的真实运动相反的现象。从某种意义上讲，如果我们相信行星的运动受简单规律所引导，那么表观逆行可以认为地球本身也是行星，从而也在运动的很有力的证据之一。不过在早年的历史上，人们宁愿用包含大量本轮、均轮的复杂模型来解释包括表观逆行在内的行星运动，也不愿轻易接受地球也在运动的观念。

电荷耦合器件（charge coupled device）

电荷耦合器件（简称 CCD）是一种能够传输及存储电荷的半导体器件，它的一项很重要的用途是与光电器件相结合，制成可以取代传统胶片的感光器件。CCD 是美国贝尔实验室（Bell Labs）的科学家博伊尔（Willard Boyle）和史密斯（Gerorge Smith）于 1969 年发明的（博伊尔和史密斯因此而获得了2009 年的诺贝尔物理学奖），它已成为现代数码影像技术及观测天文学中不可或缺的工具。CCD 作为感光器件的最大优点之一是具有极高的敏感度，能对 70% 甚至更大比例的入射光作出反应（普通照相胶片的这一比例还不到

10%)。另外，CCD 所具有的影像记录数字化的特点，还为计算机处理提供了极大的便利。在历史上，柯伊伯带天体的发现就借助了 CCD 的帮助。

广义相对论(general theory of relativity)

广义相对论是物理学家爱因斯坦(Albert Einstein)于 1915 年底提出的引力理论。广义相对论将引力效应归结为时空的弯曲，是物理理论几何化的一个范例。自提出以来，广义相对论的各种预言已得到了大量观测及实验的支持，直到今天仍是描述万有引力的最佳理论。广义相对论不仅是现代宇宙学及强引力场研究的基础，而且也是对弱引力场下的精密效应进行分析的重要工具，它的影响甚至包括了诸如全球卫星定位系统这样的应用领域。

国际天文联合会(International Astronomical Union)

国际天文联合会是一个由职业天文学家组成的国际机构，成立于 1919 年，总部位于法国的巴黎。国际天文联合会目前共有一万多名会员，分布于近百个不同的国家。国际天文联合会的主要职责包括组织国际天文会议，对天体及天体表面地貌进行命名等。国际天文联合会近期最具争议的一个举动是于 2006 年 8 月 24 日投票通过了有关太阳系行星的定义，并将 76 年来一直被视为行星的冥王星分类为了矮行星。

海王星档案(Neptune files)

海王星档案是一批与海王星发现有关的历史文件，主要包括海王星发现前后英国天文学家艾里(George Airy)与国内外同行的通信及其他资料。海王星档案最初被艾里存放于格林威治天文台，但在 20 世纪中期被恒星天文学家艾根秘密"借"走,直到艾根去世后的 1998 年才重见天日。海王星档案的部分内容目前已在互联网上公布。个别历史学者曾依据海王星档案对传统的海王星发现史提出了质疑,但那些质疑带有较强的阴谋论色彩,迄今并无足够的说服力成为史学界的主流观点。

彗星(comet)

彗星一词的希腊文原意是"头发"(后来被亚里斯多德引申为"带头发的星星"),是围绕太阳运动的太阳系小天体的一种。在接近太阳时,彗星上的挥发性物质会在太阳辐射及太阳风的作用下形成长长的彗尾("带头发的星星"之名由此而来)。彗星是天空中除行星外最常见的移动天体,历史上天文学家们曾多次将新发现的行星或小行星误当成彗星。太阳系内的彗星按轨道周期可大致分为两类:周期在 200 年以下的称为短周期彗星,它们大都来自柯伊伯带及离散盘;周期在 200 年以上的称为长周期彗星,它们被认为是来自奥尔特云。

[角]秒(arc second)

[角]秒是观测天文学上常用的角度单位,1[角]秒等于 1[角]分的 1/60,或 1 度的 1/3600,或圆周(360 度)的 1/1 296 000。肉眼观测所能达到的最高精度通常为几十[角]秒。

康德-拉普拉斯星云假说(Kant-Laplace nebular hypothesis)

康德-拉普拉斯星云假说是有关太阳系起源的假说,最初的想法是由瑞典科学家斯韦登伯格(Emanuel Swedenborg)于 1734 年提出的。1755 年,德国哲学家康德(Immanuel Kant)发展了这一想法。1796 年，法国数学家拉普拉斯(Pierre-Simon Laplace)也独立地提出了类似的假说。康德-拉普拉斯星云假说认为太阳系是由一团星际尘埃云收缩凝聚而成的，这一想法成为了目前太阳系(以及其他行星系统)演化学说中的主流想法。

柯伊伯带（Kuiper belt）

柯伊伯带也称为埃奇沃斯-柯伊伯带，是 20 世纪中叶先后由包括爱尔兰天文学家埃奇沃斯(Kenneth Edgeworth)和美籍荷兰裔天文学家柯伊伯(Gerard Kuiper)在内的多位天文学家从理论上提出，并在 20 世纪末得到观测证实的天体带。柯伊伯带与太阳的距离约为 30～55 天文单位。一般认为，柯伊伯带天体是行星演化过程中的半成品。据估计，柯伊伯带中仅直径大于 100 千米的天体就有 70 000 个以上，其中最著名(并且也最大)的是矮行星冥王星。柯伊伯带与离散盘被认为是太阳系中短周期彗星的大本营。

离散盘（scattered disc）

离散盘是太阳系外围的一个盘状区域，与太阳的距离从 30～35 天文单位延伸到 100 天文单位甚至更远。离散盘天体的轨道通常具有较大的椭率，半长径通常在 50 天文单位以上，其中最著名(迄今所知也最大)的天体是矮行星阅神星(Eris)。目前天文学家们对离散盘的了解还很有限，一般认为，离散盘中的天体有可能是被外行星的引力甩出来的柯伊伯带天体。

闪视比较仪（blink comparator）

闪视比较仪是通过快速切换的方法来对比两张不同相片的仪器。闪视比较仪特别适合于寻找在两次拍摄间亮度或位置发生变化的天体。在历史上，冥王星就是通过闪视比较仪发现的。随着电荷耦合器件及计算机图像对比与处理技术的普及，闪视比较仪的重要性已有了显著的下降。

视星等（apparent magnitude）

视星等是扣除了大气层的影响后，天体相对于地面观测者的表观亮度。视星等采用的是对数标度，其中正常肉眼所能看见的最暗天体定义为 6 等，比这一天体亮 100 倍的天体定义为 1 等（因此视星等每相差 1 等，亮度相差 $100^{1/5} \approx 2.512$ 倍）。观测天文学上的一些典型的视星等为：太阳 -26.73，满月 -12.6，最亮时的金星 -4.6，最亮时的天王星 5.5，最亮时的谷神星 6.7，最亮时的冥王星 13.6，口径 8 米的地面光学望远镜所能观测的最暗天体的视星等为 27，哈勃望远镜所能观测的最暗天体的视星等为 30。

提丢斯-波德定则（Titius-Bode law）

提丢斯-波德定则是德国天文学家提丢斯（Johann Titius）于 1766 年提出的太阳系天体分布经验规律。按照这一定则，太阳系各行星的轨道半径（以地球轨道半径为单位）r_n 满足 $r_n = 0.4 + 0.3 \times 2^n$（其中水星对应于 $n = -\infty$，其余行星及小行星带自内向外依次对应于 $n = 0, 1, 2, 3$ 等）。这一定则经过德国天文学家波德（Johann Bode）的"借用"及传播后广为人知，并在小行星带的发现及海王星的轨道计算中起到过一定作用。提丢斯-波德定则对于海王星以内的各行星及小行星是不错的近似，在那之外则基本无效。一般认为，提丢斯-波德定则并无理论依据，有可能是轨道共振及初始条件的共同结果，也可能只是巧合。

天体力学（celestial mechanics）

天体力学是运用力学原理研究天体运动的天文学分支。天体力学通常用于计算已知天体（包括人造天体）的运动，但在历史上也曾被用于推算未知天体的位置，其中最成功的例子是对海王星位置的预言。天体力学中的一些著名问题——比如三体问题——曾引起数学家与物理学家的强烈兴趣及深入研究。在精密的天体力学计算中有时需要引进相对论修正，其中最著名的例子是在水星近日点进动的计算中引进广义相对论修正。

天文单位（astronomical unit）

天文单位是行星天文学上最常用的距离计量单位，它近似等于地球与太阳的平均距离，或 1.496 亿千米。它在国际单位制中的严格定义为：在太阳引力作用下沿圆轨道以每天 0.017 202 098 95 弧度的角速度运动的试验粒子的轨道半径。严格地讲，天文单位的大小是不恒定的。（感兴趣的读者请思考一下，哪些因素会导致上述定义下的天文单位不恒定。）

牛顿万有引力定律（Newton's law of universal gravitation）

牛顿万有引力定律是描述有质量物体之间引力相互作用的物理学定律，它是英国物理学家牛顿（Isaac Newton）在 1687 年出版的著作《自然哲学的数学原理》中发表的（他的一些同时代人也有过类似的想法）。按照牛顿万有引力定律，两个线度可以忽略的有质量物体之间的引力的大小正比于两个物体质量的乘积，平方反比于两个物体的距离，方向则沿两个物体的连线。牛顿万有引力定律在很长的时间里一直是天体力学的基础，并且直到今天依然适用于引力场不太强，运动速度不太快，对精度要求不太高的天体力学计算。

小行星带（asteroid belt）

小行星带是大致位于火星与木星轨道之间的环状分布的小天体群。小行星带中最早被发现的若干成员曾一度被误当成行星。按照目前人们对太阳系天体的分类，小行星带中最著名（并且也最大）的天体是矮行星谷神星（Ceres），其余按目前的分类则全都是太阳系小天体。据估计，小行星带中约有超过一百万个直径一千米以上的天体。

行星（planet）

行星一词的希腊文原意是"漫游者"，最初指的是太阳系内的金、木、水、火、土五大行星，在日心说被采纳后又增加了地球。在约定成俗几千年之后，国际天文联合会于 2006 年 8 月 24 日对太阳系内的行星进行了定义。按照这一定义，太阳系内的行星是同时满足以下三个条件的天体：（1）围绕太阳公转；（2）具有足够的质量使自身引力克服刚体应力，从而具有（近球形的）流体静力平衡形状；（3）扫清了自己轨道附近的区域。目前太阳系中共有八个行星，它们分别是：水星、金星、地球、火星、木星、土星、天王星和海王星。

人名索引

术 语 索 引

参 考 文 献

1. Bartusiak M. Archives of the Universe[M]. New York: Vintage Books, 2004

2. Beatty J K, Petersen C C, Chaikin A. The New Solar System. London: Cambridge University Press, 1999

3. Brookes C J. On the Prediction of Neptune[J]. Celestial Mechanics, 1970, 3: 67-80.

4. Davies J. Beyond Pluto[M]. London: Cambridge University Press, 2001.

5. Graney C M. On the Accuracy of Galileo's Observations[J]. Baltic Astronomy, 2007, 16(3): 443-449.

6. Hoskin M. Bode's Law and the Discovery of Ceres[J]. Astrophysics and Space Science Library, 1993, 183: 35.

7. Hoyt W G. Planets X and Pluto[M]. Tucson: University of Arizona Press, 1980.

8. Kollerstrom N. An Hiatus in History: The British Claim for Neptune's Co-prediction, 1845-1846[J]. Hist of Sci, 2006, 44(3): 349-371.

9. Littmann M. Planets Beyond: Discovering the Outer Solar System[M]. New York: Dover Publications, Inc. , 2004

10. Miner E D. Uranus: The Planet, Rings and Satellites[M]. Hoboken: John Wiley & Sons, 1998

11. Motz L, Weaver J H. The Story of Astronomy [M]. New York: Perseus Publishing, 1995

12. Price F W. The Planet Observer's Handbook[M]. London: Cambridge University Press, 1994

13. Standage T. The Neptune File [M]. New York: Walker Publishing Company, Inc. , 2000.

14. Tyson N. The Pluto Files: The Rise and Fall of America's Favorite Planet[M]. New York: W. W. Norton & Company, Inc. , 2009.

15. Weintraub D A. Is Pluto a Planet: A Historical Journey through the Solar System [M]. Princeton: Princeton University Press, 2006.